农产品安全消费知识问答

刘海燕 编 著

U0386457

金盾出版社

内容提要

　　农产品的安全问题关系到人们的餐桌安全,联系着生产到消费各个环节。加强质量意识,擦亮识别慧眼,不做雾里看花的消费者就从这本书开始。本书分为米面篇、蔬菜篇、果品篇、豆制品篇、食用菌篇、调料篇、食用油篇、饮品篇等,对各种农产品原料的质量鉴别、营养价值、贮存条件、烹饪技巧、食用禁忌等做了详细解读,有益于增强人们的食品安全意识和营养保健意识。本书内容丰富,实用,适合广大消费者和生产者阅读。

图书在版编目(CIP)数据

　　农产品安全消费知识问答/刘海燕编著 . —北京:金盾出版社,2014.7
　　ISBN 978-7-5082-9398-1

　　Ⅰ.①农…　Ⅱ.①刘…　Ⅲ.①农产品—食品安全—问题解答
Ⅳ.①TS201.6-44

　　中国版本图书馆 CIP 数据核字(2014)第 093432 号

金盾出版社出版、总发行

北京太平路 5 号(地铁万寿路站往南)
邮政编码:100036　电话:68214039　83219215
传真:68276683　网址:www.jdcbs.cn
封面印刷:北京精美彩色印刷有限公司
正文印刷:北京万博诚印刷有限公司
装订:北京万博诚印刷有限公司
各地新华书店经销

开本:850×1168 1/32　印张:6.75　字数:157 千字
2014 年 7 月第 1 版第 1 次印刷
印数:1～4 000 册　定价:15.00 元

目　　录

米 面 篇

1. 家庭储存粮食应注意哪些事项?

(1)控制粮食含水量 如果粮食中的水分含量过高,会因其呼吸代谢增强而致发热,使霉菌、有害昆虫容易生长繁殖,造成粮食的发霉变质。因此,应将粮食晒干、除杂后再进行储藏。一般粮谷类安全水分含量为 12%～14%、豆类为 10%～13%。

(2)创造适宜储藏条件 储藏环境的温度和湿度过高是增加粮食发霉变质的关键性因素,所以应注意保持储存环境干燥、凉爽、通风,隔离潮气,防止粮食返潮、吸潮。此外,还要注意通过采取堵塞鼠洞、器械捕捉及药剂熏杀等措施防止鼠害的发生。

(3)经常检查 定期检查,特别是要注意粮食温度和水分的变化。可用眼看、鼻闻、口尝、手捏等办法,检查粮食的色泽、气味及硬度,发现问题,及时处理,避免损失。

(4)防止药物污染 合理使用防治药物,禁止直接使用高毒、高残留农药,严格控制药物残留量,避免药物污染。建议使用高效、低毒的植物性杀虫剂,如苦皮藤、天名精、大蒜等,实现绿色储粮、生态储粮。

2. 米面除虫有哪些方法?

(1)杨树叶除虫法 将生虫的米面放入干燥、密封的容器内,把杨树叶放入容器与米面一起密封。经 4～5 天,打开贮藏容器可见幼虫和虫卵均已杀死,然后用簸箕或筛子将米面过滤后即可食用。

(2)冷冻除虫法 放置时间较长的米面在夏季极易生虫,而冬季生虫率较低。根据这一特点,可将过冬后的剩余米面,装入干净的口袋中,放入电冰箱的冷冻室内存放 24 小时。如此处理后的米面,在夏季到来后都不易生虫。

(3)阴凉通风法 将筷子插在生虫米面内,待米面中表面的虫子爬上后抽出除虫。然后,将米面铺放在阴凉通风的地方,米面深处的虫子便会从温度较高的米面中爬出来。这种方法简单方便,但除虫时间较长。

(4)过箩过筛法 为了缩短除虫时间,将表面的虫子除去后,可用竹子或柳条编成的箩筐将面粉中的虫子除去;用竹条编制的筛子将大米中的虫子筛除。然后,再铺放在阴凉处通风晾晒即可除去米面中的虫子。

3. 糙米营养价值比精制大米高吗?

糙米是指除了外壳之外都保留的全谷粒,即含有皮层、糊粉层和胚芽的米。精制大米,即通常所说的大米,是指仅保留胚乳,而将其余部分全部脱去的制品。由于稻谷中除碳水化合物以外的营养成分(如蛋白质、脂肪、纤维素、矿物质和维生素)大部分都集中在果皮、种皮、外胚乳、糊粉层和胚(即通常所说的糠层)中,因此糙米的营养价值明显优于精制大米。

营养学研究发现,糙米中含有丰富的 B 族维生素和维生素 E,能提高人体免疫功能,促进血液循环,还能帮助人们消除沮丧烦躁的情绪,使人充满活力。此外,糙米中钾、镁、锌、铁、锰等微量元素含量较高,有利于预防心血管疾病和贫血症。糙米中还保留了大量膳食纤维,可促进肠道有益菌增殖,加速胃肠蠕动,软化粪便,预防便秘和肠癌;膳食纤维还能与胆汁中胆固醇结合,促进胆固醇的排出,从而帮助高脂血症患者降低血脂。但是,糙米的嘌呤含量高,所以痛风患者应酌量食用,可改吃胚芽米。

4. 怎样挑选优质大米?

(1)查 根据食品标签通用标准规定,包装袋上必须标注生产日期、产品名称、生产企业名称和地址、净含量、保质期、质量等级、产品标准号、国家强制性规定的"QS"认证标志等。

(2)看 优质大米色泽清白,有光泽,呈半透明状,米粒大小均匀、丰满光滑,少有碎米、爆腰(米粒上横向的断裂或裂纹)、腹白(米粒上乳白色不透明部分),无虫,不含杂质。如果颜色白得刺眼,有可能是加了吊白块(次硫酸氢钠甲醛、甲醛合次硫酸氢钠)。

(3)抓 新米光滑,手抓时有凉爽感。劣质米和陈米色暗,并粘有白色米糠粉,有涩感。严重变质米,手捻易成粉状或易碎。经过抛光后的大米非常光滑,如果大米经过了抹油打蜡,攥在手里会有一种油腻感。

(4)闻 优质大米具有稻米特有的清香味。陈米无清香味,可能有米糠味,或微有异味,如霉变气味、酸臭味、腐败味等不正常气味。对于添加了其他化学试剂或工业原料的大米,闻起来会有一种化学药水的气味或矿物油的油腥味。如果香气浓烈,则有可能加入了化学香精。

(5)尝 取少量大米放入口中细嚼,优质大米味佳,微甜,无任何异味;陈米则含水量较低,口感较硬,或有异味。

5. 什么是强化米?

强化米也称营养强化米,是指在普通大米中添加某些营养素而制成的成品大米。目前,用于普通大米营养强化的营养素主要有维生素、矿物质及氨基酸等。强化米在美国等发达国家很受消费者欢迎。大米皮层和胚芽中含有丰富的蛋白质、脂肪、维生素、矿物质等营养物质。在碾米过程中,随着皮层和胚芽的碾脱,其所含营养成分也随之流失。大米的加工精度越高,营养成分损失也越多。另外,大米在淘洗和蒸煮过程中,也会损失许多营养成分。对普通大米进行营养强化,不仅可以补充其流失的营养成分,还可以增加大米本身缺乏的一些营养物质,包括维生素 B_1、维生素 B_2、烟酸、赖氨酸、铁、钙等。食用强化米可以改善人们的膳食营养,补充缺少的微量元素,满足人体生理的正常需要,减少各种营养缺乏症的发生,提高人们的健康水平。

6. 为什么大米不耐储藏?

一是大米没有皮壳保护,营养物质直接暴露于外,对外界的温度、湿度和氧气的影响比较敏感,吸湿性强,害虫、霉菌易于直接危害,易导致营养物质加速代谢;二是大米中含有较多的米糠和碎米,堵塞了米粒之间的孔隙,致使内部积热不易散发;三是糠粉中含有较多的脂肪,易氧化分解,使大米的酸度增加。随着储藏时间的延长,大米的色泽逐渐变暗,香味消失,出现糠酸味,酸度增加,黏度下降,吸水量减少,持水能力减退,食用品质降低。水分越大,温度越高,储藏时间越久,陈化越严重。

另外,大米中胶体组织较为疏松,对高温的抵抗能力较差。在阳光下暴晒,爆腰率就会增加,不仅影响大米外观,食用品质也会大大下降。因此,大米返潮只能将其放在常温或通风处,让其自然缓慢干燥,切勿在阳光下直接暴晒。

7. 怎样辨别大米中水分含量?

(1)看 抓一小把大米,放入手掌心摊平,正常大米外观色泽光亮,且粒面附有少量的糠粉;而高水分大米色泽较阴暗,尤其"水洗"大米粒面糠粉更少。

(2)咬 取几粒大米放入口中咬嚼,正常大米齿觉坚硬清脆;而高水分大米组织疏松不坚硬,咬声不清爽。

(3)摸 将手指轻轻插入米袋中,如滞凝不易插入,则水分较高;反之,水分较低。用手紧握大米,感触滑爽且咯咯有声,放开大米不粘手,则水分较低;反之,水分较高。

8. 怎样辨别发霉大米?

一闻。大米有异味,这很有可能就是发热霉变的先兆。处于霉变早期的大米,异味并不明显。

二看。可以从以下几个方面看大米是否发生霉变:①出现脱糠。因米粒潮湿,黏附糠粉或米粒上未碾尽的糠皮浮起,米粒显得毛糙、不光洁。②起眼。由于大米胚部组织较松,含蛋白质、脂肪较多,霉变先从此侵蚀,使胚部变色,俗称"起眼"。③起筋。米粒侧面与背面的沟纹呈白色,继而呈灰白色,故称起筋,米的色泽发暗。

三摸。由于大米和微生物的强烈呼吸,局部水汽凝结,米粒潮湿,称为出汗。其硬度下降,散落性降低,手握可以成团。

当大米出现发霉变质时,绝对不能食用,否则会对人体健康不利,如引起肝脏损害等。

9. 怎样辨别掺矿物油的"毒大米"?

用少量热水浸泡,然后用手捻,感觉有油腻感,严重者水面会浮有油斑。另外,经过"易容改装"流入市场的低档变质大米通常外包装上不标明厂址及生产日期,价格也会比正常大米低些。

10. 怎样辨别真假黑米?

目前,市场上常见的黑米掺假有两种情况,一种是存放时间较长的次质或劣质黑米,经染色后以次充好出售;另一种是采用普通大米经染色后充黑米出售。消费者在购买黑米时可通过采取以下方法进行辨别:

(1)看 一般黑米有光泽,米粒大小均匀,很少有碎米、爆腰,无虫,不含杂质。次质、劣质黑米的色泽暗淡,米粒大小不匀,饱满度差,碎米多,有虫,有结块等。黑米的黑色集中在皮层,胚乳仍为白色,因此消费者可以将米粒外面皮层全部刮掉,观察米粒是否呈白色,否则极可能是人为染色黑米。用手抓一把黑米,染色黑米易掉色。

(2)闻 取少量黑米,哈一口热气,然后立即嗅气味。优质黑米具有正常的清香味,无其他异味;而染色黑米散发霉变、酸臭、腐败或不正常的气味。

(3)尝 可取少量黑米放入口中细嚼,或磨碎后品尝。优质黑米味佳,微甜,无任何异味。没有味道,微有异味、酸味、苦味及其他不良滋味的为次质、劣质黑米。

(4)泡 用水浸泡正常黑米,可见紫红色色素从米粒中一丝丝向水中扩散,长时间浸泡得到暗紫褐色液体。如果泡出的水像墨汁一样,经稀释后还是黑色,并且能染到容器和手上则很有可能是经过染色的假黑米。

11. 如何正确煮粥煮饭?

(1)淘米方法 ①要用凉水,不要用流水或热水淘洗。②用水量和淘洗次数要尽量减少,以除去泥沙和浮尘为度。③淘米时间不可过长,也不宜用力搓洗米,否则米表层营养和易溶于水的维生素、矿物质将会大量丢失。

(2)泡米方法 泡米可增强米饭口感。经过浸泡,可以让米粒充分吸收水分,蒸出来的米饭粒粒饱满,吃起来更加蓬松、香甜。

泡米利于营养吸收。大米中含有植酸,会影响人体对米中蛋白质和矿物质,尤其是钙、镁等重要元素的吸收。大米中虽然含植酸多,但同时也含有一种可以分解植酸的植酸酶。用温水浸泡大米,可以促进植酸酶的产生,能将米中的大部分植酸分解,使其不会过多地影响身体中蛋白质和钙、镁等矿物质的吸收。

泡米可节省做饭时间。泡米时间要适度,一般用 30℃～60℃的温水,浸泡半小时为宜。

(3)用沸水煮饭 既能使米饭快速熟透,又能防止维生素因长时间高温加热而受到破坏。自来水是经过添加次氯酸钠消毒的,水中会残留一定量的氯气,若用自来水直接煮饭,水中的氯会破坏米中的 B 族维生素。用烧沸的水煮饭,氯已大多挥发了,可大大减少 B 族维生素的损失。

(4)煮饭不可加碱 食碱是一种食品疏松剂,有人习惯煮饭煮粥时放些食碱,既省时,又黏稠,口感又好,但殊不知这样做会破坏谷物中的维生素。

12. 为什么用高压锅煮米饭比用普通锅好？

高压锅又叫压力锅,沸腾时它的温度可达 120℃左右。用高压锅煮米饭,高压锅内的蒸汽水分会更均匀地浸透到米粒内部,使米粒表面的纤维素和蛋白质很快分解变性,极易被人体吸收。因此,用高压锅煮米饭,香软可口,很受人们欢迎。相比较而言,用普通锅煮饭,由于锅内的压力不大且不均匀,米粒分解变性不彻底,营养不易被人体完全吸收。

13. 茶水煮饭好吗？

在我国茶水煮饭具有悠久历史。云南茶叶之乡临沧就流传着"好吃不过茶煮饭,好玩不过踩花山"的山歌民谣。

茶水煮饭能使茶和米饭的滋味相得益彰,茶叶的芳香能使米饭更加香甜可口,米饭的淀粉则可有效地抵消茶叶的苦涩和收敛性。茶水煮饭具有四大保健功效:①茶多酚可帮助软化血管,降低血脂,防治心血管病;②茶多酚能阻断致癌物质亚硝胺在人体内的合成,从而能预防消化道肿瘤;③茶饭中的单宁酸具有预防中风的功能;④茶饭中的氟化物是牙本质中不可或缺的物质,能增强牙齿的坚韧性和抗酸能力,预防龋齿。

具体方法:取适量茶叶加水冲泡,待茶叶泡开后,滤去茶叶取汤煮饭。茶叶的清香融入米饭的香甜,米饭不仅色、香、味俱佳,而且具有多种保健功能。

14. 经常吃捞饭好吗?

捞饭是先将米加水煮沸,再把煮过的米捞出放在笼屉里蒸,丢弃米汤。其实这种做法是不科学的。因为米汤里溶有大量维生素、矿物质、蛋白质和一些碳水化合物。以大米捞饭为例,维生素 B_1、维生素 B_2 均损失 50%,烟酸损失 40%,铁损失 60%,磷损失 42%,碳水化合物损失 6%,脂肪损失 80%。由此可见,做捞饭时,大米中的许多营养物质都随米汤流失了。因此,提倡焖饭或蒸饭。

15. 为什么不宜常吃汤泡饭?

人的唾液中含淀粉酶,食物经过咀嚼,与唾液均匀混合后,才能充分发挥淀粉酶的作用,把食物中的淀粉分解为麦芽糖,进行初步消化,再进入胃肠消化。汤泡饭不用细嚼,就直接进到胃里,既增加胃肠的负担,食物中的养分也不容易被彻底吸收。因此,长时间吃汤泡饭,容易导致胃病。老年人和小孩更应少吃汤泡饭,因为汤泡饭会有大量的汤液进入胃部,会稀释胃酸,影响消化吸收;小孩的吞咽功能较弱,吞咽速度过快,易使汤汁或米粒呛入气管,造成危险。长期吃汤泡饭会使小孩养成囫囵吞枣的坏习惯,不利于健康。为了能使食物能顺利地吞咽下去,老年朋友可以在吃饭前先喝几口汤,给消化道增加一点"润滑剂",以防止干硬的食物刺激消化道黏膜。

16. 怎样选购优质小米?

一看。米粒大小、颜色均匀,呈乳白色、黄色或金黄色,光泽圆润,无碎米,无虫,无杂质。

二闻。具有清香味,无其他异味。劣质小米,微有异味或有霉变气味、酸臭味、腐败味等不正常气味,手捻易成粉状或易碎,碎米多。

三尝。味佳,微甜,无任何异味。次质、劣质小米尝起来无味,微有苦味、涩味及其他不良滋味。

优质小米呈鲜艳的自然黄色,轻捏时,手指不会染上黄色。若用姜黄或地板黄等色素染过的小米,色泽深黄,缺乏光泽,米粒色泽一致,手指轻捏时会掉色。用姜黄素染过的小米会有姜黄气味;用柠檬黄、日落黄等染过的小米,没有异味。另外,也可将少量小米放入杯中加入少量温水,摇晃后静置,若水变黄,则说明该小米经过染色。

17. 睡前喝小米粥好吗?

中医学认为,小米味甘咸,有清热解渴、健胃除湿、和胃安眠等功效。《本草纲目》中记载,小米"治反胃热痢,煮粥食,益丹田,补虚损,开肠胃"。用小米煮粥,睡前服用,使人更容易安然入睡。

小米含有多种维生素、氨基酸、脂肪和碳水化合物,营养价值较高,小米中的B族维生素含量居各种粮食之首。小米做成粥后易于消化吸收,并可起到清热解渴、健胃除湿、和胃安眠等作用。小米中富含色氨酸,色氨酸通过代谢能够生成抑制中枢神经兴奋度,使人产生一定倦感的5-羟色胺。5-羟色胺可转化生成具有镇静和诱发睡眠作用的褪黑素。此外,小米含有大量淀粉,食后容易让人产生饱腹感,可以促进胰岛素的分泌,提高进入脑内色氨酸的量,是较好的助眠食物。

18. 怎样选购面粉?

一看。一看包装上厂名、厂址、生产日期、保质期、质量等级、产品标准号等内容是否齐全。二看颜色。应选择色泽为乳白色或淡黄色的面粉。三看麸星含量。面粉中有少量麸星是允许的,麦麸可食且对人体健康有益,但过多则不允许。

二闻。是否具有麦香味。若有异味、霉味或酸败味,则可能超过保质期或遭到外部环境污染,已发霉、酸败变质。

三捏。质量合格面粉,手感细腻,粉粒均匀;劣质面粉则手感粗糙。若感觉特别光滑,也属于有问题的劣质面粉。用手抓一把面粉攥紧,松开后,面粉随之散开的,则是含水分标准正常的面粉;反之,说明水分超标。水分超标的面粉很容易在储存过程中霉变和酸败,影响面粉的品质。

四尝。如果有牙碜现象说明沙量等杂质含量高;如果味道发酸,判断面粉酸度高。

五选。要根据不同的用途选择相应品种的面粉。做馒头、面条、饺子等,要用中高筋力、有一定延展性而色泽好的面粉;制作点心、饼干及烫面制品可选用筋力较低的面粉。

19. 能用铝制容器存放面粉吗?

日用铝制品具有质量轻、结实耐用等优点,但也有易被腐蚀的缺点。面粉的主要成分是淀粉和蛋白质。淀粉是一种碳水化合物,在发酵后会产生有机酸(如乳酸),对铝有腐蚀作用。此外,面粉要吸收空气中的水分,产生二氧化碳气体。铝制品在这些物质的侵蚀下,表层的保护膜氧化铝会被破坏,继而使铝制品遭到锈蚀,盛放在里面的面粉也就容易霉烂变质。因此,不能用铝制容器存放面粉。

20. 发面用面肥好吗？

在制作馒头、花卷、豆包等面食时需要先发面,所以很多人习惯用老面(即面肥)作为引子,认为这样发面快、可靠。事实上,这样做弊大利小。其原因有以下两点:一是面肥因长期被放置,其中含有很多不利于身体健康的细菌;二是用面肥发面,需要加碱以中和酸,碱的加入会破坏面粉中的某些营养成分。因此,用酵母发面较好,这样制作出的面食不但松软可口,也可增加面食的营养成分。另外,也可将和好的面粉自然发酵。

21. 发面有哪些小妙招？

(1)加啤酒 和面时在面粉中加啤酒(啤酒与水 1∶1),蒸出的馒头格外松软。

(2)加盐水 发面时,放一点盐水调和,可缩短发酵时间,蒸出来的馒头松软可口。

(3)加白糖 用发酵粉发面,加少许白糖,可缩短发酵时间。

22. 蒸馒头有哪些要点？

①冬季蒸馒头,和酵母要比夏季提前 1～2 个小时。②和面时要尽量多揉几遍,使面粉充分吸收水分。③和好的面要保持 28℃～30℃为宜。④面团要充分发酵。⑤制馒头坯时,先行揉制,然后再成形。⑥馒头坯上屉前,要把笼屉预热一下。⑦馒头在蒸制前要经过饧面,冬季约 15 分钟,夏季可短些。⑧锅底火

旺,锅内水多。⑨笼屉与锅口相接处不能漏气。

23. 怎样鉴别挂面的质量?

(1)观色泽 优质挂面色泽洁白、稍带淡黄。如果面条颜色变深或呈褐色(花色面条除外),则说明已变质。

(2)闻气味 优质挂面具有小麦面粉的芳香味,无霉味、酸味及其他异味。花色挂面则带有添加辅料的特殊气味。

(3)看包装 优质挂面应该包装紧实、整齐美观,竖提起来不掉碎条,且包装上应标明厂名、厂址、产品名称、产品标准、质量等级、净含量、生产日期、保质期、配料表、营养成分表等。

(4)整齐度 优质面条的整齐度应在 90% 以上,自然断条率越低表明面条品质越好。

(5)试筋力 优质挂面,用手捏着一根面条的两端,轻轻弯曲,其弯度可达到 5 厘米以上。

(6)尝口感 优质挂面在煮熟后不糊、不浑汤,口感不黏,不牙碜,柔软爽口。如果不耐煮,没有嚼劲,则说明质量不好。

24. 怎样防止煮面条粘连?

(1)在煮面之前在锅里加少许油,面条煮好以后漂在水面上的油就会挂在面条上,防止粘连。

(2)在煮挂面时,不要等水开了再下锅,可用温水下面,这样不但会防止面条粘连,而且面熟得也会较快一些。

25. 发芽小麦粉适合制作什么食品?

正常情况下,小麦籽粒中 α-淀粉酶含量少,只有在小麦发芽时,才能大量产生。α-淀粉酶的活性与发芽时的温度、时间存在着密切关系。正是由于高活性 α-淀粉酶的大量存在,才导致面团形成及食品制作过程中,淀粉被水解成黏度高的低聚糖、糊精,因此发芽小麦粉制成的面食会发黏。

26. 血糖指数食物是什么?

食物血糖生成指数,简称 GI,是指与标准化食物(通常指葡萄糖)对比,某一检测食物被人摄入后引起血糖上升的速率。1981年,一位名叫霍金斯(Jenkins)的医生在《美国临床营养学期刊》中首次提到这一概念。影响食物血糖生成指数的因素包括:是否为天然食物、膳食纤维的含量、淀粉比率、糖分种类、加工方法和血糖负荷的影响等。

27. 吃全麦食品有哪些注意事项?

全麦食品是指用没有去掉外面麸皮和麦胚的全麦面粉制作的面包,具有助于减肥、缓解便秘、预防糖尿病和动脉粥样硬化等疾病的发生等功能。

(1)早晨食用效果好 坚持每天早餐吃至少含 25% 燕麦或麦麸的全麦食物,可以降低心力衰竭的发病率。全麦食品中富含人体所需的多种维生素、矿物质、纤维素等,人在经过一夜的营养消耗后,体内所缺的维生素、矿物质能在早餐时得到及时补充,是一种非常健康的饮食。从这个角度来看,早餐适量搭配一些全麦食品对预防心脏疾病有好处。早餐可以选择燕麦片、全麦面包和牛奶、水果一起食用,体内胆固醇指数正常的人还可加 1 个鸡蛋,但粗粮所占比例最好不要超过 1/4。

(2)孩子不宜长期吃 与成年人相比,孩子除了需要维持生命的各种营养素外,还需更全面的营养物质和适当的热量。全麦食品产生的热量少,不能完全满足孩子生长发育的需要。另外,孩子消化系统发育还没有完善,唾液分泌量少,牙齿少,咀嚼能力差,吃太多纤维素会有损胃肠,易引起消化不良等。

(3)缺钙人群宜少吃　全麦面包因其膳食纤维含量丰富且低热量,受到很多消费者的青睐。但是,对于缺钙的人群来说,常吃全麦面包对身体健康是不利的。全麦面包里含有大量麸皮,麸皮中的植酸和草酸会影响机体对钙离子的吸收。此外,对其他如镁、锌、亚铁离子等人体必需的微量元素的吸收也有一定影响。所以,对于缺钙的人群来说,不宜把全麦面包当做主食。因为全麦面包中膳食纤维过于丰富,所以胃肠消化功能差的人也应尽量少吃。

(4)仔细辨别真和伪　有的商家用精白粉做面包,外面装扮一下来冒充全麦面包。比如,加入少量焦糖色素染成褐色,或只添加 $10\% \sim 20\%$ 的全麦面粉。所以,在选择购买全麦面包时,一定要认真辨别。首先,应注意查看配料表。如果排在第一位的是面包粉,第二、第三位才是全麦粉,则不是真正的全麦面包。其次,要注意看面包的质地。全麦面包颜色微褐,肉眼能看到很多麦麸的小粒,质地比较粗糙,但有香气。

28. 面包片烤着吃好吗?

很多上班族早上为了赶时间,面包从冰箱里拿出来连烤都不烤就往嘴里送。殊不知,面包片、馒头片等主食都是碳水化合物,这样吃下去,往往会刺激胃酸分泌,加重返酸。如果把面包片、馒头片烤一烤再吃,就能起到"养胃"的作用。这是因为,烤焦的面包片和馒头片上会形成一层糊化层,这层物质可以中和胃酸、抑制胃酸分泌,起到保护胃黏膜的作用。需要注意的是,要注意烤面包的火候,烤至橘红色或金黄色即可;胃肠功能不好的人,不宜多吃,每次 $1 \sim 2$ 片即可。

29. 怎样储存面包?

有人买回面包后,就将其放在冰箱里。其实这种做法是不对的,面包常温下储存营养和口感更好。

面包在制作过程中,淀粉会吸水膨胀;焙烤时,淀粉会糊化,结构发生改变,从而使面包变得松软、有弹性;储藏时淀粉的体积不断缩小,里面的气体逸出,使面包变硬、变干,这就是通常所说的老化。

导致面包老化的因素较多,尤其是温度,它会直接影响面包的硬化速度。在较低温度下保存时,面包的硬化速度快;在较高温度下保存,面包的硬化速度慢;超过 35℃,则会影响面包的颜色及香味。所以,面包适宜的保存温度是 21℃～35℃。

30. 粗粮对人体健康有哪些营养功效?

粗粮是相对于大米、白面等细粮而言的。粗粮主要包括两类:一类是没有经过精加工的糙米、全麦等;另一类是指除去水稻、小麦外的各种杂粮,如谷物类的玉米、小米、黑米、紫米、大麦、燕麦、荞麦等,杂豆类的黄豆、绿豆、红豆、黑豆等。

粗粮中含有丰富的不可溶性纤维素,有利于保障消化系统正常运转。不可溶性纤维素与可溶性纤维素协同工作,可降低血液中低密度胆固醇和甘油三酯的浓度,增加食物在胃里的停留时间,延迟饭后葡萄糖吸收的速度,降低高血压、糖尿病、肥胖症和心脑血管疾病的风险。粗粮富含人体必需的氨基酸和优质蛋白质,而且钙、磷等矿物质和维生素的含量丰富。另外,粗粮中的纤维素有助于抵抗胃癌、肠癌、乳腺癌、溃疡性肠炎等多种疾病,对清除大脑垃圾、缓解大脑疲劳很有帮助。

31. 哪些人不宜多吃粗粮?

(1)贫血、缺钙者 谷物中植酸、草酸含量高,会抑制钙质,尤其是铁质的吸收,所以缺钙、贫血者不宜吃粗粮。但是,红肉中所含的血基质铁,可不受植酸影响,如有贫血问题,又喜欢吃杂粮,可适量补充红肉。

(2)消化功能障碍者 消化能力异常者,如胃溃疡、十二指肠溃疡患者不适合吃粗粮。因为这些食材较粗糙,与胃肠道的物理摩擦会造成伤口疼痛。容易胀气的人,也不宜多吃粗粮。

(3)糖尿病患者 糖尿病患者要控制淀粉摄取量,即使吃五谷杂粮,也要适当控制。五谷杂粮虽然有助于降血糖,但一旦糖尿病合并肾病变,就要慎食杂粮饭,以吃精白米为好。

(4)痛风病患者 痛风病人多吃豆类,会引发尿酸增高,所以五谷当中的豆类食品的摄取量应适当降低。

(5)肾脏病患者 肾脏病人需要吃精致白米。因为五谷杂粮中的蛋白质、钾、磷含量偏高,作为主食摄入量过大,肾病患者身体无法耐受。

(6)免疫力低下者 免疫力低下者如果长期每天摄入的纤维素超过 50 克,会使机体蛋白质补充受阻、脂肪利用率降低,造成骨骼、心脏、血液等脏器功能的损害,降低人体的免疫能力。

(7)青少年 处于生长发育期的青少年,由于生长发育对营养素和能量的特殊需求以及对于激素水平的生理要求,粗粮不仅阻碍胆固醇吸收和其转化成激素,也妨碍营养素的吸收利用。

(8)老年人和儿童 老年人的消化功能减退,而孩子的消化功能尚未完善,消化大量的食物纤维对于胃肠是较大的负担。同时,营养素的吸收和利用率比较低,不利于儿童的生长发育。

32. 不同种类玉米的营养功效有哪些差异？

不同颜色的玉米，营养功效略有不同，这主要是因为它们含有的色素品种不一样。与白色玉米相比，紫玉米中含花青素，因而具有抗氧化、防衰老的功效；黄色玉米含有胡萝卜素和玉米黄素，对于保持视力健康有好处。

不同口感的玉米，营养价值也有区别。甜玉米香甜可口，受人喜爱，被称为"水果型甜玉米"，其蛋白质、脂肪及维生素含量比普通玉米高 1～2 倍，硒的含量高 8～10 倍，所含 17 种氨基酸中，有 13 种高于普通玉米。但甜玉米含糖量高，大部分是蔗糖、葡萄糖，易引起血糖升高。糯玉米蛋白质含量较高，富含维生素 A、维生素 B_1 等，其中支链淀粉含量非常高，不适合糖尿病人食用。而普通玉米中粗纤维含量较高，可溶性糖含量低，对于减肥人群、糖尿病人群是较好的选择。

33. 玉米面和玉米楂的营养成分有哪些差异？

玉米面熬制出来的粥呈糊状，不必咀嚼，且容易消化。不过这种粥的缺点就是血糖上升速度比较快，也不耐饿。所以，玉米面比较适合牙齿不好的老年人和胃肠功能不好的人，而对于糖尿病患者则不太适合。

玉米楂多还留存有外皮薄膜，颗粒大、含纤维素较多，需要肠胃配合牙齿长时间研磨，所以大大增加了吸收的时间。所以，玉米楂比较适合牙齿好的中青年人、胃肠好但容易便秘的人。

34. 泡米、泡豆的水能吃吗？

大米浸泡一定时间后再煮饭能使米饭更好吃，泡豆能让豆粥好煮。但是，泡米、泡豆的水要不要扔掉呢？这要视个人的身体情况而定。粗粮、豆类浸泡后,表皮中的植酸、单宁、草酸、花青素、类黄酮类等会溶出,它们都或多或少有涩味,所以去掉浸泡水可以使饭、粥和豆浆的口感更好。同时,这些成分也属于"抗营养成分",会妨碍钙、铁、锌等元素的吸收,因此贫血、缺锌、消化不良者不应食用。而高血脂、糖尿病、肥胖症患者则应保留浸泡米、豆的水,因为这些抗氧化成分能减少罹患癌症和心脏病的风险。

35. 哪些人不宜多吃粽子?

(1)心血管病患者 粽子的品种繁多,其中肉粽子和猪油豆沙粽子所含脂肪较多,高血压、高血脂、冠心病患者若进食过多,会增加血液黏稠度,加重心脏负担和缺血程度,诱发心绞痛和心肌梗死。

(2)老年人和儿童 粽子多用糯米制成,黏性大,老年人和儿童如过量进食,极易造成消化不良,并由此产生胃酸过多、腹胀、腹痛、腹泻等症状。

(3)胃肠道疾病患者 粽子蒸熟后会释放出一种胶性物质,吃后会增加消化酶的负荷。粽子中的糯米性温滞气,含植物纤维多且长,吃多了会加重胃肠的负担。十二指肠溃疡患者若贪吃粽子,易造成十二指肠的溃疡穿孔、出血。

(4)糖尿病患者 粽子中常有含糖量很高的红枣、豆沙等,吃时通常还要加糖,如果不加节制,会损害胰岛功能,引起糖尿病患者的血糖和尿糖迅速上升,加重病情。

36. "返青粽子"能吃吗?

所谓"返青粽子"是用"返青粽叶"包出来的粽子。这种"返青粽叶"是不法商贩采用化学染色手段,在浸泡粽叶时加入工业硫酸铜,让已失去原色的粽叶返青,使其表面光鲜、色泽鲜绿,人吃了这种粽子可能导致铜中毒。

鉴别"返青粽叶"和"返青粽子",有以下几招:①看。原色粽叶的颜色发暗发黄;"返青粽叶"则呈均匀的青绿色,且表面鲜亮。②煮。原色粽叶水煮后,会呈现淡黄色;而"返青粽叶"和"返青粽子"加热后,煮出的水会呈淡绿色。③闻。由原色粽叶包制的粽子煮熟后散发出粽叶清香;"返青粽子"煮熟后非但粽香味不浓,反而有淡淡的硫黄味。

37. 长期食用方便面对人体健康有哪些危害?

(1)有损大脑活动 要维系大脑的正常生理功能,必须保证卵磷脂、蛋白质、糖分、钙质、维生素等多种营养成分的正常摄入。而方便面中的卵磷脂、维生素和矿物质都很低,经常吃会损害大脑功能,引起正常思维的紊乱;常吃方便面的儿童,会出现精神不集中、烦躁不安等症状。

(2)引起多种"文明病" 方便面具有"三高"(高热量、高钠、高脂肪)和"三低"(低矿物质、低维生素和低纤维素)的特点。由于绝大部分快餐的四成以上的热量来自脂肪,过多食用会因过多摄入脂肪和钠而易患心脏病、高血压病、肥胖及糖尿病等,尤其是幼儿的肾脏尚未发育成熟,无力排出血液中过多的钠,患病的概率更大。

(3)易患肠癌 摄入适量纤维素和钙,有助于预防肠癌。方便面多用精制面粉制成,缺少纤维素,加工过程中还会消耗部分纤维素及矿物质。如果长期吃这类食品,人体会因缺乏纤维素和钙而易患肠癌。

(4)导致胃肠功能紊乱 方便面多属油炸的干脆食品,常吃容易导致胃肠功能失调,出现胃肠胀气、胃痛等症状。由于方便面等干脆食品中含有较多调味剂及添加剂,经常食用会使人味觉迟钝,影响正常食欲。

38. 怎样鉴别月饼的质量?

(1)**看外形** 观察月饼的外表形态,看是否规则,以完整、挺括、饱满为好。

(2)**看色泽** 质量好的月饼,应呈深黄色,表面光泽油润,饼底颜色比面部略深,不焦煳。

(3)**看剖面** 将月饼掰开,看皮、馅的剖面。如果发现剖面上有白丝相连,则表明加工时欠火候。

(4)**品滋味** 质量好的月饼,馅细味正,绵软适中,无杂质,无异味。

39. 吃月饼有哪些讲究?

(1)**先鲜后咸** 月饼一般有鲜、咸、甜3种口味。如鲜味与咸味月饼同吃,则应先吃鲜味后吃咸的;如咸味与甜味月饼同吃,则应先吃咸味后吃甜的;要鲜味、咸味与甜味同吃,则应按鲜、咸、甜味顺序来吃。只有这样方能品尝出各种月饼的美味来。

(2)**吃新勿吃陈** 月饼含油脂较多,存放时间过长,不仅会失去原有风味,而且会因油脂氧化易发生变质,产生"哈喇"味。所以,月饼应现吃现买,存放时间不可过长。

(3)**宁早勿晚** 吃月饼最好在早上和中午,晚上临睡前不宜吃,否则不利于消化吸收。特别是胃病和心脑血管病患者,会引起消化系统疾病和心脑血管疾病。

(4)**宁少勿多** 由于月饼系高油、高糖、高能量食品,大量食用会产生油腻感,易导致胃满、腹胀,引起消化不良、食欲减退、血脂与血糖升高等一系列症状,故不宜多吃。特别是老年人和儿童,更不宜多吃,以少量为佳。

(5)**与茶同食** 一则止渴、解油腻、助消化,二则爽口增味、助兴、添趣。忌喝汽水、可乐和果汁。

(6)细嚼慢咽 月饼是较难消化的食品,吃时应细嚼慢咽,切忌吃得过快,囫囵吞枣。细嚼慢咽,既可品尝出月饼的美味,又有利于营养成分的消化吸收。

40. 哪些人要慎吃月饼?

(1)糖尿病患者 因月饼含糖量高,吃得过多,可使糖尿病患者血糖急剧升高,导致体内糖代谢紊乱,使病情加重。

(2)胆囊炎、胆结石患者 月饼中含油量较高,胆囊炎、胆结石患者食用,会使胆汁排泄发生障碍,导致腹部剧烈疼痛。

(3)老年人 老年人的消化吸收能力较差,多食会加重胃肠负担,出现消化不良、腹泻等问题。

(4)婴幼儿 婴幼儿的消化系统发育不够健全,难以消化大量高糖、高脂肪的食品。

(5)十二指肠炎和胃炎患者 吃月饼能促使胃酸大量分泌,强烈而持续地刺激溃疡面,会使病情加重。

(6)心脑血管疾病患者 月饼中的糖、油脂等会增加血液黏稠度,加重心脏负担,不利于患者康复,甚至使心脑血管疾病猝发。

(7)脂溢性皮肤病患者 这类皮肤病的发生、发展与糖类、脂肪的摄入过量有关。过多食用月饼会使皮脂腺分泌增加,使病情加重。

(8)肝病患者 因月饼较干、粗糙,加之肝病患者食管下段、胃底静脉曲张充盈,血管变细,吃月饼后很容易导致食管下段破裂出血,导致病情恶化。

41. 哪些蛋糕不宜常吃?

(1)酥皮蛋糕 酥皮意味着必须加入大量脂肪。通常加入的是植物起酥油,它含有反式脂肪酸。同样是高能量食品,奶酪蛋糕会好些,至少奶酪中还含有大量的钙、维生素 A、维生素 D、B 族维生素和蛋白质。

(2)添加色素和香精的蛋糕 尽量选择味道温和自然,内外颜色尽量接近原色的蛋糕。扑鼻的香味,通常意味着加入了大量的廉价香精。

(3)水果蛋糕 水果蛋糕中的水果大部分是罐头水果,起不到什么营养作用,不如自己直接买鲜水果吃。

(4)巧克力蛋糕 蛋糕店用的巧克力,绝大部分都是代可可脂巧克力,含反式脂肪,其中几乎没有可可多酚,其健康指数为负数。

42. 哪些人慎食元宵?

(1)糖尿病患者 元宵是由糯米制作的,富含碳水化合物,同时很多馅料中含有糖分。因此,糖尿病患者应尽量少吃,尤其应避开豆沙、黑芝麻等过甜的馅料。

(2)"三高"人群 元宵属于典型的高热量食物,对于需要控制体重的高血压、高血脂患者来说,应尽量少吃。尤其是对于某些用猪油炒制的馅料比如黑芝麻馅,对于某些含油脂明显较高的馅料比如坚果馅,都应该回避,尤其不宜在晚餐之后作为夜宵来食用,否则会很快造成血液黏稠度升高。

(3)心脑血管病患者 对于有心脑血管病病史的人来说,高糖高热的元宵容易导致血脂迅速升高,尤其是在晚上食用元宵,夜间不易消化,有诱发心脑血管病的风险。

(4)老年人 因为老年人消化功能退化,牙齿松动、咀嚼功能下降,容易造成吞咽困难,甚至卡住导致呼吸困难。

(5)2 岁以下的婴幼儿 这个年龄段的孩子由于身体发育尚不健全,如果食用元宵,不易消化、容易粘连凝结,很有可能导致出现肠梗阻的情况。

43. 少饭多菜对人体健康有利吗?

从科学的营养角度来看,如果长期少饭多菜,对身体的健康是极其不利的。米饭、面食是主食,提供人体碳水化合物营养。碳水化合物是人体所需的"基础原料",人在一天之中所获得的总热量的 50%～60% 来自碳水化合物。人一日膳食中主食占 300～500克,蔬菜 400～500 克,水果类 100～200 克,奶制品 100 克,豆制品50 克,鱼禽肉蛋 125～200 克,油脂类不超过 25 克。另外,米饭同大鱼大肉相比,更容易消化。所以,提倡主食与副食科学合理搭配,青少年正处于身体生长发育的阶段,活动量较大,可适量增加副食的摄入量。

蔬 菜 篇

1. 蔬菜有哪些营养价值?

蔬菜是人们日常饮食中必不可少的食物之一,可提供人体所必需的多种维生素和矿物质。此外,蔬菜中还含有各种植物性化学物质,对人体健康有益。

十字花科甘蓝类蔬菜,如青花椰菜、花菜、甘蓝、叶甘蓝、芥蓝等含有吲哚类萝卜硫素、异硫氰酸盐、类胡萝卜素、维生素 C 等,对防治肿瘤、心血管病有较好的作用,特别是青花菜。

豆类蔬菜中,如大豆、毛豆、黑豆等所含的类黄酮、异黄酮、蛋白酶抑制剂、肌醇、大豆皂苷、B 族维生素,对降低血胆固醇调节血糖、降低癌症发病率及防治心血管、糖尿病有良好作用。

芦笋中含有丰富的谷胱甘肽、叶酸,对防止新生儿脑神经管缺损、防肿瘤有良好作用。

胡萝卜中含有丰富的类胡萝卜素及大量可溶性纤维素,有益于保护眼睛,提高视力,可降低血胆固醇含量,减少癌症与心血管病发病率。

葱蒜类蔬菜,含丰富的二丙烯化合物、甲基硫化物等多种功能植物化学物质,有利于防治心血管疾病,常食可预防癌症,还有消炎杀菌等作用。

茄果类蔬菜,番茄中丰富的茄红素是一种高抗氧化剂,能抗氧化,降低前列腺癌及心血管疾病的发病。茄子中含有多种生物碱,有抑癌、降低血脂、杀菌、通便的作用。辣椒、甜椒含丰富维生素、类胡萝卜素、辣椒多酚等,能增强血凝溶解,有天然阿司匹林之称。

黄瓜中所含的蛋白酶有助于人体对蛋白质的吸收。

芹菜中含有芹菜油、蛋白质、矿物质和丰富的维生素。中医学上还有止血、利尿、降血压等功能。

通常认为,成年人每天要食用 1 000 克左右的蔬菜。

2. 蔬菜的颜色与其营养有哪些关系?

(1)绿色蔬菜 油菜、菠菜等叶菜,含有丰富的维生素 C、维生素 B_1、维生素 B_2、胡萝卜素及多种微量元素。对高血压及失眠者有一定的镇静作用,并有益肝脏。绿色蔬菜还含有酒石黄酸,能阻止碳水化合物变成脂肪。

(2)黄色蔬菜 韭黄、南瓜、胡萝卜等,富含维生素 E,能减少皮肤色斑,延缓衰老,对脾、胰等脏器有益,并能调节胃肠消化功能。黄色蔬菜中所含的黄碱素有较强的抑癌作用。

(3)红色蔬菜 番茄、红辣椒、红萝卜等,能提高人们的食欲和刺激神经系统的兴奋。

(4)紫色蔬菜 紫茄子、扁豆等,有调节神经和增加肾上腺分泌的功效。最近的研究还发现,紫茄子比其他蔬菜含更多维生素 P,能增强身体细胞之间的黏附力,提高微血管的弹性,降低脑血管栓塞的概率。

(5)黑色蔬菜 黑茄子、海带、黑香菇、黑木耳等,能刺激人的内分泌和造血系统,促进唾液的分泌。黑木耳含有一种能抗肿瘤的活性物质,可防治食管癌、肠癌、骨癌。

(6)白色蔬菜 茭白、莲藕、竹笋、白萝卜等,对调节视觉和安定情绪有一定的作用,对高血压和心肌病患者有益处。

3. 蔬菜选购常识主要有哪些?

(1)选购新鲜蔬菜 由于叶类鲜菜具有呼吸作用和蒸腾作用,

可使蔬菜的成分不断发生变化,如营养成分在呼吸中被消耗,水分在蒸腾中不断丧失,进而发生萎蔫等。发蔫后的蔬菜不仅口感变差,而且营养价值也大幅度降低,甚至会感染更多的细菌,使其中亚硝酸盐的含量急剧上升。判断蔬菜是否新鲜,主要从其含水量、形态和色泽等方面来检验。一般情况下,蔬菜存放时间越长,失水就越多,表面就变得粗糙发蔫,失去光泽,且容易腐烂,食用质量大大下降。

(2)勿选畸形蔬菜 一些蔬菜在生长过程中因营养摄取不均衡、微量元素缺乏,或农药残留等都可能造成畸形。尤其在温室或塑料大棚中种植的蔬菜,一旦出现气候异常,气温偏低,加上氮肥、磷肥喷施过多导致元素失衡,容易造成瓜果、蔬菜畸形。因此,在选购蔬菜时,应选择大小均匀、块形完整的,不要购买畸形蔬菜,更不应该为了新奇,专门选购畸形蔬菜。

(3)勿以有无虫眼论安全 许多消费者认为,蔬菜叶片虫洞较多,表明没打过药,吃这种菜安全。其实,这是靠不住的。蔬菜是否容易遭受虫害是由蔬菜的不同成分和气味的特异性决定的。有的蔬菜特别为害虫所青睐,如青菜、大白菜、卷心菜、花椰菜等,需要经常喷药防治,这样势必成为污染重的"多药蔬菜"。另外,虫眼只能说明曾经有过虫害,并不能表示没有喷洒过农药。虫眼多的蔬菜,还有可能菜农为了杀死害虫反而会喷更多的农药。此外,害虫同样具有抗药性,一旦产生抗药性,菜农往往需要加大剂量才会有效果。所以,判断蔬菜是否有农药残留不能只看它有无虫眼。

(4)选购深颜色蔬菜 蔬菜品种繁多,营养价值各有千秋。总体上可以按照颜色分为两大类:一是深绿色叶菜,如菠菜、苋菜等,富含胡萝卜素、维生素 C、维生素 B_2 和多种矿物质;二是浅色蔬菜,如大白菜、生菜等,这类蔬菜有的富含维生素 C,胡萝卜素和矿物质的含量较低。相对而言,蔬菜的营养价值与蔬菜的颜色密切相关。颜色深的营养价值高,颜色浅的营养价值低,其排列顺序是:绿色蔬菜＞黄色、红色蔬菜＞无色蔬菜。一般来说,叶菜类的叶片颜色愈深,所含钙、铁、胡萝卜素、维生素 B_2 及维生素 C 也愈多。叶菜类的叶片越薄营养成分也越高。

(5)其他 氮肥(如尿素、硫酸铵等)的施用,会造成蔬菜的硝酸盐污染。通常情况下,硝酸盐含量由强到弱的排列是:根菜类、薯芋类、绿叶菜类、白菜类、葱蒜类、豆类、瓜类、茄果类、食用菌类。蔬菜不同部位吸收硝酸盐的能力也不同,其规律是蔬菜的根、茎、叶的污染程度远远高于花、果、种子。因此,应尽可能多吃些瓜、果、豆和食用菌,如黄瓜、番茄、毛豆、香菇等。

4. 怎样贮存蔬菜?

(1)不宜久贮 营养丰富的绿叶蔬菜中硝酸盐含量较高。将其存放数日后再食用,硝酸盐就会被还原成有毒的亚硝酸盐。一般贮存时间不超过 2 天。晒干表面水分后放入保鲜袋,在冰箱里可保存 5 天。

(2)低温储存 新鲜蔬菜含有较多水分和维生素 C,但是随着时间的推移,水分和维生素 C 都会急剧地减少。从这方面来说,保存蔬菜就相当于是在保存维生素 C。因此,蔬菜应低温储藏。一般来说,栽培时需要较冷气候环境的蔬菜(菠菜、花椰菜、大白菜、莴苣)保存在 5℃ 左右或阴凉处为宜。栽培时需要 20℃ 生长环境的蔬菜(茄子、黄瓜等),保存时应保持 10℃ 左右的温度。

(3)竖放储存 一些有花蕾、茎尖的茎类蔬菜,如菜心、芥蓝、芦笋、大葱等,在采收后会继续生长、开花。如果平放保存,5～7 天蔬菜顶部就会逐渐弯曲,从而影响蔬菜的外观。因此,这类蔬菜储存应竖放,蔬菜生命力维持时间越长,其维生素损失就越小。

(4)勿洗后存放 青菜水洗后,茎叶细胞外的渗透压和细胞呼吸均发生改变,会造成茎叶细胞很快死亡溃烂,从而缩短保存时间。如水不清洁,又增加了被污染的机会。

5. 蔬菜中的主要污染物有哪些?

(1)农药残留 农药,特别是有机磷和氨基甲酸酯类农药是目前蔬菜生产中使用量较大、种类较多的农资,因此农药残留不可避免,甚至可能会引起强烈中毒反应。长期进食被农药污染的蔬菜,会产生慢性农药中毒,影响人的神经功能,严重时会引起头昏多汗、全身乏力,继而出现恶心呕吐、腹痛腹泻、流涎胸闷、视力模糊、瞳孔缩小等症状。

农药残留相对较小的蔬菜主要有:①茄果类蔬菜,如青椒、番茄等;②大的瓜类蔬菜,如冬瓜、南瓜等;③嫩荚类蔬菜,如豆角等;④鳞茎类蔬菜,如葱、蒜、洋葱等;⑤块茎类蔬菜如土豆、山药等。农药残留较严重的蔬菜,主要有白菜类(小白菜、青菜、鸡毛菜)、韭菜、黄瓜、甘蓝、花椰菜、菜豆、芥菜、茼蒿等。

(2)硝酸盐 蔬菜是易富集硝酸盐的植物,特别是现代农业生产中氮肥(如尿素、硫酸铵等)的大量施用,造成了蔬菜中硝酸盐富集。硝酸盐本身对人毒性并不大,但随蔬菜进入胃肠道后会被还原成为亚硝酸,亚硝酸与胃肠道内的次级胺结合形成亚硝胺,这是一种致癌物质。一般而言,果实类蔬菜含量低,而根、茎、叶的蔬菜含量就要高一些,顺序可大体排为:绿叶菜类>白菜类>葱蒜类>豆类>茄果类。此外,烹饪后的蔬菜存放时间延长,其亚硝酸盐含量明显增加,所以建议不要食用烹饪后隔夜存放的蔬菜。

(3)重金属 蔬菜中重金属主要来源于工业"三废"的排放及城市垃圾、污泥、汽车尾气和含重金属的化肥、农药等。蔬菜中重金属的污染一般不会引起急性中毒反应,但长期积累会给人类健康带来严重的潜在威胁。

另外,近些年来生物污染问题也开始受到重视,其主要是由于食用未经加热的蔬菜或在食用前未充分洗净而引起。

6. 去除蔬菜农药残留有哪些方法?

(1)清水法 主要用于叶类蔬菜,如菠菜、生菜、小白菜等。先用清水洗掉表面污物,剔除有污渍的部分,然后用清水淹没浸泡30分钟。必要时可加水果蔬菜清洗剂,以增加农药的溶出。如此清洗浸泡2~3次,基本可清除绝大部分残留的农药成分。另外,也可用淘米水清洗。淘米水属酸性,有机磷农药遇酸性物质就会失去毒性。在淘米水中浸泡10分钟左右,用清水洗干净,就能使蔬菜残留的农药成分减少。

(2)碱水法 多数有机磷类杀虫剂在碱性环境下可迅速分解。一般在500毫升清水中加入食用碱5~10克配制成碱水,将初步冲洗后的水果蔬菜置入碱水中,根据菜量多少配足碱水,浸泡5~15分钟后用清水冲洗,重复洗涤3次左右。

(3)盐水法 种植蔬菜的过程中常常使用化学农药和肥料,为了消除蔬菜表皮残留农药,使用1%~3%淡盐水洗涤蔬菜可以取得良好的效果。另外,利用淡盐水可轻松除去隐藏在瓜果类蔬菜中的害虫。

(4)焯烫法 常用于芹菜、圆白菜、花椰菜、青椒、豆角等。由于氨基甲酸酯类杀虫剂会随着温度升高而加快分解,所以可以在烹炒前置于沸水中焯2~5分钟后立即捞出,然后用清水洗1~2遍。

(5)去皮法 对于带皮的蔬菜,如生黄瓜、丝瓜、姜等,可以用锐器削去含有较多残留农药的外皮,只食用蔬菜的肉质部分。

(6)储存法 农药随着时间推移渐渐分解而无害,所以适当延长储存时间,可降低冬瓜、南瓜等蔬菜中的农药残留。

7. 蔬菜可以长时间浸泡吗?

蔬菜生产中使用的农药分为水溶性和脂溶性两种,而且大多数都能溶于水。因此,在洗菜的过程中,浸泡几个小时与流水反复冲洗多次的效果一样,均只能去除蔬菜表面附着的可溶于水的农药残留,而对蔬菜吸收的农药基本没有太大作用。同时,蔬菜长时间浸泡在水中,水溶性农药残留会溶解于水,当水中农药残留浓度高于蔬菜内部浓度时,农药会向蔬菜组织内部渗透,造成蔬菜组织内部农药残留的增高,使蔬菜污染加重,反而对身体不利。因此,不推荐把新鲜的蔬菜浸泡过长时间的洗菜方法,可采用流水多次反复冲洗后再浸泡少许时间的洗菜方法。

8. 蔬菜可以切后清洗吗?

洗菜时,有人喜欢先切成块再洗,以为洗得更干净,但这是不科学的。蔬菜切碎后与水的直接接触面积增大很多倍,会使蔬菜中的水溶性维生素如 B 族维生素、维生素 C 和部分矿物质以及一些能溶于水的糖类会溶解在水里而流失。同时,还会增大被蔬菜表面细菌污染的机会,因此蔬菜不能先切后洗。

9. 怎样挑选黄瓜?

很多人认为,挑黄瓜应选择"顶花带刺"的。事实上,正常成熟的黄瓜,顶花会自然脱落,花顶会收缩留下一个瘢痕,而使用了激素的黄瓜果顶部会变粗,而且瓜身变得粗大,顶花色泽鲜艳且不易脱落,经常食用可能会对身体造成损害。大致来说,购买黄瓜时,应选择果形匀称、大小适中、把短条直、颜色亮绿、有光泽、带刺的黄瓜,而大肚瓜、尖头瓜、蜂腰瓜等畸形瓜不宜选购。

10. 黄瓜怎么吃最好?

黄瓜清脆爽口、营养丰富,包括维生素 C、胡萝卜素和钾,还含有能够抑制癌细胞繁殖的成分。因此,从营养学的角度说,是十分适合大家长期食用的蔬菜之一。但黄瓜属凉性食物,成分中96%是水分,能祛除体内余热,具有祛热解毒的作用。中医学认为,凉性食品不利于血液的流通,会妨碍新陈代谢,从而引发各种疾病。因此,即使是在炎热的夏季,也应把黄瓜加热后食用,不仅能保留其消肿功效,还能改变其凉性性质,避免给身体带来不利的影响。

另外,还要注意以下三点:①黄瓜的营养优势主要是由黄瓜皮"味甘、性平"的本质所决定的,所以能够清热解毒、生津止渴,尤其能排毒、清肠、养颜。②吃黄瓜时不要把黄瓜把儿扔掉,因为黄瓜把儿含有较多苦味素,苦味成分为葫芦素C,是难得的排毒养颜食品。③黄瓜偏寒,脾胃虚寒、久病体虚者宜少吃。有肝病、心血管病、肠胃病以及高血压的人,不要吃腌黄瓜。

11. 冬瓜可以连皮一起吃吗?

冬瓜性凉而味甘淡,能清热化痰,还能帮助减肥,无论营养价值或保健价值都很高。可是,许多人吃冬瓜常常把冬瓜皮削掉,这实在是太可惜了。其实,冬瓜皮所含营养更为丰富,不但具有保健价值,而且具有药用价值。冬瓜皮中含有多种挥发性成分、三萜类化合物、胆固醇衍生物,还含维生素 B_1、维生素 C、烟酸、胡萝卜素等。所以,吃冬瓜时,最好连皮一起吃。

12. 苦瓜应生吃还是熟吃?

苦瓜不仅具有清热祛暑、明目解毒、降血压、降血糖、利尿凉血、解劳清心、益气壮阳之功效,而且具有降血糖、抗肿瘤、抗病毒、抗菌、预防坏血病、保护细胞膜、防止动脉粥样硬化、提高机体免疫力、保护心脏等作用。苦瓜生吃,营养成分摄入会更全面。另外,通过沸水焯或热油烹调,其苦味会减少一些,口感易被人接受,但苦瓜的一部分营养成分会流失掉。所以,如果能接受其苦味口感,胃肠未感到不适,还是以生吃为好。

13. 怎样挑选丝瓜?

丝瓜的种类较多,常见的丝瓜有两种,即线丝瓜和胖丝瓜。线丝瓜细而长,以瓜形挺直,大小适中,表面无皱,水嫩饱满,皮色翠绿,不蔫不伤者为佳。胖丝瓜相对较短,两端大致粗细一致,以皮色新鲜、大小适中、表面有细皱,并附有一层白色绒状物,无外伤者为佳。

选择丝瓜时,首先看丝瓜外观,如果瓜条匀称、瓜身白毛茸毛完整,表示瓜嫩而新鲜;不要选择瓜形不周正、肚大、有突起的丝瓜。其次,放在手中掂一掂,有弹性者为好;如果感觉硬硬的,则有可能就是苦的。

14. 菜叶和菜心哪部分更有营养?

吃大白菜、娃娃菜、卷心菜时,人们习惯把外层绿叶扔掉。有分析显示,对人体有益的多酚类物质、植物色素等主要存在于蔬菜水果果实的外层部分,包括外层组织、叶片以及果皮当中。维生素C的分布也有同样的规律。丢弃掉的大白菜、圆白菜的外层绿叶,其维生素C含量比"心部"高出几倍甚至十几倍。其他一些蔬菜,如茄子,靠近表皮的外层茄肉营养价值更高;绿叶菜中的芹菜,深绿色芹菜叶要比淡绿色的茎含有更多的维生素A和维生素C。

人体需要全面的营养,单纯吃蔬菜、水果的某一部位都不可能满足要求。广泛摄食新鲜蔬菜、水果,任何部分都不丢弃,才能保证身体对各种营养成分的需求。

15. 大白菜和娃娃菜的营养价值有哪些不同?

俗话说"百菜不如白菜"。大白菜富含胡萝卜素、B族维生素、维生素 C、钙、磷、铁等,白菜中的微量元素锌的含量不但在蔬菜中名列前茅,就连肉、蛋也比不过它。白菜的药用价值也很高,中医学认为,其性微寒无毒,经常食用具有养胃生津、除烦解渴、利尿通便、清热解毒之功效。

娃娃菜是从日本引进的品种。从种类看,娃娃菜和白菜都属于十字花科蔬菜,从成分上来说,大白菜的营养价值并不逊于娃娃菜,而且性价比更高。

16. 西兰花怎样吃好?

西兰花是天然抗癌化合物——萝卜硫素的极佳食物来源,其中的黑芥子酶对萝卜硫素的抗癌作用极为关键。一旦黑芥子酶遭到破坏,萝卜硫素也不会起到抗癌作用。与其他烹调方法相比,西兰花隔水蒸 5 分钟左右,黑芥子酶保持得最好,这样做出来的西兰花更抗癌。

烹调西兰花时宜剪不宜切。整朵的西兰花上有很多花簇,花簇由许多小粒的花朵构成,如果直接放在案板上切,会有很多小粒花朵散落,造成损失。建议将西兰花冲洗后,用剪刀从花簇的根部连接处剪下一个个花簇,或者用手直接掰下,这样能得到完整的花簇。有研究发现,西兰花和番茄一起吃,防癌效果会更强。

17. 菠菜为什么忌生炒?

菠菜是营养价值较高的蔬菜,含有较多的蛋白质、胡萝卜素、维生素等,对慢性病如高血压和糖尿病患者有一定益处。菠菜的烹饪方法有炒、拌、做汤,并且可作各种荤菜的配料。

将菠菜直接烹炒,有碍营养成分的吸收。因为菠菜含有草酸和钙,草酸与钙结合,生成沉淀物——草酸钙,不能被人体吸收利用。菠菜与含钙丰富的食物搭配食用时,则更为不利。

正确的做法是:洗净后,用沸水把菠菜烫一下,捞出后沥干水再炒,这样可使大部分草酸消除,防止出现不吸收的草酸钙。

18. 韭菜和韭黄哪个更有营养?

韭菜和韭黄都是生活中经常食用的佳肴,它们既可作主料,也可作配料或馅料等。韭黄是韭菜的软化栽培品种,因不见阳光叶绿素分解,叶黄素显现而呈黄白色。虽然韭菜和韭黄是同一种植物,但它们的营养成分、功效、颜色、价格却不一样。

韭菜中含有丰富的膳食纤维、胡萝卜素、维生素C以及脂肪、蛋白质和辛香挥发物硫化丙烯等,具有温肾助阳、益脾健脾的功效,多吃韭菜可以养肝,增强脾胃之气。

韭黄中含有蛋白质、脂肪、铁、胡萝卜素、维生素C等营养物质,有健胃、提神、保暖的功效。虽然韭黄的外观和口感俱佳,身价也远远高于韭菜,但其营养价值却逊于韭菜,韭菜中的矿物质和维生素的含量均高于韭黄,其中钙、铁、磷、维生素A、胡萝卜素含量更是韭黄的3~4倍。

19. 为什么芦荟不可多食?

芦荟,别名龙角、卢会、象胆,百合科植物,含有大量的氨基酸、维生素、多糖、蒽醌类化合物、酶、矿物质等,具有杀菌消炎、增强免疫功能,消除体内毒素、有毒自由基,解除便秘、预防结肠炎等功能。

但是无论是内服还是外用,超量使用芦荟都会出现中毒症状。芦荟的成分主要含芦荟大黄素苷,在所有大黄苷类泻药中,数芦荟的刺激性最强。在泻下的同时,多伴有显著腹痛和盆腔充血。因此,若内服芦荟过量,就会刺激胃肠黏膜,从而引起消化道一系列中毒反应,严重者可能引起肾炎。孕妇服用过量容易引起流产。

因此,中医用药规定,芦荟内服用量一般不宜超过5克。

20. 为什么芦笋要趁"鲜"吃?

芦笋含丰富的抗癌元素硒,能阻止癌细胞生长,同时刺激机体免疫功能,提高对癌细胞的抵抗力。另外,芦笋还含有丰富的叶酸,可使细胞生长正常化,能防止癌细胞扩散。

吃芦笋要趁"鲜",即选购新鲜芦笋、保存不失鲜、烹饪要"新鲜"。芦笋越新鲜,抗癌效果越好。如果买回来的芦笋不能马上食用,可用保鲜膜把它包起来,放在冰箱冷藏室,不过最多维持2～3天。或是把芦笋放在5％温食盐水中泡1分钟,捞出来后放在冷水中冷却,10分钟后再放入冰箱中,以延长其新鲜度。

21. 为什么竹笋不能多吃?

竹笋中含有较多的粗纤维素,尤其对于胃肠疾病及肝硬化等患者可能有致病因素,容易造成胃出血,使肝病加重。因此,竹笋不能多食,尤其是儿童、脾虚肠滑者、年老体弱消化不良者更不宜多食。此外,竹笋中还含有难溶性草酸钙,故尿道、肾、胆结石患者也不宜多食。

22. 怎样鉴别笋干质量?

笋干又名笋,是由新鲜的竹笋经煮熟、晾干、压扁,渍以石灰水,成形为产品。上等笋干肉质肥厚、色泽金黄、笋花明显。笋干质量优劣鉴别方法如下:①看色泽。如呈黄白色或棕黄色,具有光泽的为上品,色泽暗黄的为中品,色泽酱褐的为下品。②看形体。短粗,体态肥厚,笋节紧密,纹路浅细,质地嫩脆,长度在30厘米以下的为上品。长度超过30厘米,根部显得大而老,纤维多而粗,笋节亦长,质地就老。③看脆度。当笋干含水量在14％以下,手握笋干折之即断,并有响声说明湿度适中,如果折而不断,或折断无脆声说明笋干水分大。如果水分较大,容易长出大片白霉。

23. 莴苣对人体健康有哪些营养功效?

莴苣的营养成分很多,包括蛋白质、脂肪、糖类、灰分、维生素 A 原、维生素 B_1、维生素 B_2、维生素 C,微量元素钙、磷、铁、钾、镁、硅等和食物纤维,可增进骨骼、毛发、皮肤的发育,有助于人体生长发育。莴苣的肉质嫩,茎可生食、凉拌、炒食、干制或腌渍。莴苣茎叶中含有莴苣素,味苦,高温干旱苦味浓,能增强胃液、刺激消化、增进食欲,并具有镇痛和催眠的作用。有研究发现,莴苣中含有一种芳香烃羟化酯,能够分解食物中的致癌物质亚硝胺,防止癌细胞的形成,对于消化系统的肝癌、胃癌等,有一定的预防作用,也可缓解癌症患者放疗或化疗的反应。莴苣中碳水化合物的含量较低,而矿物质、维生素的含量则较为丰富,尤其是含有较多的烟酸。烟酸是胰岛素的激活剂,糖尿病人经常吃些莴苣,可改善糖的代谢功能。但是,莴苣不宜多食,因为莴苣中的莴苣生化物对视神经有刺激作用,会发生头昏嗜睡的中毒反应,导致夜盲症或诱发其他眼疾。

24. 为什么有些蔬菜吃后不能晒太阳?

常见的芹菜、莴苣、油菜、菠菜、苋菜、小白菜等都是光敏性蔬菜。此外,紫云英、灰菜、芥菜、马兰头、马齿苋、红花草、羊蹄根等也是含有光敏性物质的蔬菜。食用光敏性蔬菜易诱发日光性皮炎。每年 5~8 月份是这种植物性日光性皮炎的高发期,此时如果过量食用之后晒太阳,皮肤便会出现红斑、丘疹、水肿等症状,还可能出现淤点、水疱甚至是大疱,严重者还可能出现皮肤溃疡和糜烂。疱液可能是清色,也可能带血。病发部位多集中在面部、颈部、四肢外侧等。因此,吃了上述光敏性蔬菜后不能晒太阳。

25. 颜色不同的番茄营养有差异吗?

番茄又称西红柿。一般来说,番茄颜色越红,番茄红素含量越高;黄色品种中番茄红素含量很少;浅黄色品种含有少量的胡萝卜素,不含有番茄红素;橙色品种番茄红素含量少,但胡萝卜素含量高一些;粉红色品种含有少量番茄红素,胡萝卜素很少。

若要满足维生素 C 的需求,则各种番茄都可以;若要补充番茄红素、胡萝卜素等抗氧化成分,则应当选颜色深红的,或橙色的。

26. 怎样挑选番茄?

(1)看颜色 自然成熟的番茄,番茄碱的含量很低,甚至于完全没有,而且各种营养成分都已形成。自然成熟的番茄果蒂部分通常为绿色,而催熟的番茄整个果实都是红色或黄色的。果蒂部分很少见绿色。

(2)看形状 自然成熟的番茄,体型匀称。而催熟的番茄,外观不匀称,有些还有明显的尖顶或棱。

(3)用手捏 自然成熟的番茄,捏起来手感比较软。而催熟的番茄,捏起来手感就很硬。

27. 番茄生吃和熟吃有哪些区别?

番茄中含有丰富的天然抗氧化剂——维生素 C。维生素 C 能促进骨胶原的生物合成,利于组织创伤口的更快愈合,增强机体对外界环境的抗应激能力和免疫力。但番茄中的维生素 C 极不稳定,在加工过程中容易被氧化和分解,所以要想从番茄中获得丰富的维生素 C,应生食。番茄中富含的另一种抗氧化剂——番茄红素却不同,它只有通过油炒等加热处理,才会充分释放出来,发挥其抗氧化作用。因此,如何吃番茄视更重视哪种营养。

28. 为什么炒青椒忌放酱油?

青椒个大、肉厚,属甜味椒类,质脆嫩,在烹调中可烹制出多种口味的菜肴,所以被经常用作肉类的配料。青椒要以表皮光滑、端正、大小匀称、无虫蛀、脆嫩新鲜的为上品,其颜色和维生素的含量在高温下变化不大,口味清淡爽脆。素炒青椒时不宜佐加酱油,否则会使菜色变黯淡、黄绿、味道也不清香,失去新鲜感。

29. 吃茄子有哪些注意事项?

茄子有长茄和圆茄之分。营养价值相差不大,口感有软硬之别。

(1)适量食用 茄子中含有茄碱,茄碱具有强心、降血压、抑制癌细胞、抑制微生物等作用。若摄入过量时会引发食物中毒。未全熟的茄子中,茄碱含量比成熟的茄子高。此外,茄子皮颜色的深浅和茄子中茄碱的含量有很大关系,颜色越深,茄碱的含量就越高。茄碱主要存在于果肉当中,同时茄碱基本不溶于水,用焯烫、水煮等方法都不能去除,因此应适当控制摄入量,更不能生吃。而且,茄子性寒滑,脾胃虚寒、容易腹泻、哮喘者不宜食用。

(2)不要削皮 茄子皮中含有大量的营养成分和有益健康的化合物。

(3)术前不宜 手术前吃茄子,麻醉剂可能无法被正常地分解,会延长病人苏醒时间,影响病人康复。

30. 怎样安全食用香椿?

(1)选择幼嫩香椿芽 香椿发芽初期的硝酸盐含量较低,随着香椿芽的不断长大,其中硝酸盐的含量逐渐升高。到 4 月中旬后,大部分地区香椿芽中的硝酸盐含量都超过了世界卫生组织和联合国粮农组织的标准。也就是说,香椿芽越嫩,其中硝酸盐的含量越少。

(2)选择新鲜香椿芽 新鲜的香椿芽如果不趁鲜食用,在室温存放的过程中,硝酸盐会转化成亚硝酸盐,引起亚硝酸盐中毒。从树上采摘下的新鲜香椿芽马上食用是安全的。

(3)烹饪时宜焯烫 如果香椿芽已经不够新鲜,但香气犹在,扔掉又很可惜,那么不妨焯烫一下。在沸水中焯1分钟左右,可以除去2/3以上的亚硝酸盐和硝酸盐,同时还可以更好地保持香椿的绿色。

(4)速冻前宜焯烫 香椿是季节性蔬菜,很多人喜欢把它冻藏起来,过一段时间后再食用。焯烫50秒钟之后再冻藏,不仅安全性大大提高,而且维生素C也得以更好地保存。焯烫后,装入封口塑料袋,放在冰箱速冻格中,即可储存1个月以上,保持嫩绿和芳香特色。

(5)适当腌制更安全 很多人喜欢把香椿用盐腌制2~3天后吃,其实这样做非常不安全。因为香椿腌制后亚硝酸盐的含量会迅速上升,3~4天后达到高峰(添加盐量为10%~20%时),含量远远超过许可标准。焯烫之后再腌制,则大大减少了硝酸盐含量。较为安全的做法是把焯烫后的香椿腌制1周后再食用。

(6)与富含维生素C的食物同吃 香椿中维生素C含量较高,鲜食时维生素C可以帮助阻断致癌物质亚硝胺的形成。如果香椿已经不够新鲜,可以与其他新鲜蔬菜、水果一起吃,从而避免亚硝酸盐带来的隐患。

31. 烹调土豆时有哪些注意事项?

土豆又名马铃薯。

(1)慎食生芽发青土豆 土豆中含有一种叫龙葵素的毒素。

每 100 克的土豆中,龙葵素的含量只有 8～10 毫克,而皮肉呈紫绿色生芽的土豆,龙葵素含量可达 500 毫克左右。一般人摄入 200 毫克(约 50 克发芽的土豆里所含的龙葵素)就可能引起中毒,出现恶心、呕吐、腹泻、嗓子发痒、头晕、胸闷等症状,严重的引起神经麻痹、呼吸循环衰竭,甚至死亡。所以,应将土豆存放在阴凉干燥处,防止生芽。局部生芽发青的土豆,只要剜去芽眼、削去发青部位,采用煮、炖的烹饪方法,彻底做熟,即可放心食用。如生芽发青过于严重,则不能食用。

(2)烹调用途有别　新鲜土豆口感细嫩稠滑,容易做熟。由于其水分和糖分多、胶黏性较好,在水中仍能保持块状,吃起来口感较面,所以适合做汤、炖烧菜等;而相比新土豆,老土豆在营养上没有很大差异,但水分减少,口感爽脆,下锅后不会发生新土豆那样易粘锅、易烟的现象,适合烹炒。

(3)削皮不宜过厚　土豆皮下面的汁液中富含多种营养素,所以削皮时只削掉薄薄的一层就可以了。可用钢丝球轻搓土豆表面,即可将外皮去掉薄薄一层,且不会损伤里面的"土豆肉"。新土豆可先放入热水中浸泡一下,再换到冷水中,这样很容易去皮。

(4)切后泡在水里　土豆中含多酚氧化酶,在氧气的作用下会发生褐变,从而影响土豆色泽。因此,在烹饪过程中,切好的土豆应及时放在水里,以防氧化变黑。在浸泡时,可在水中加少许醋,一是可以有效地防止褐变,二是能让土豆口感脆爽、不黏不糊,三是能减少土豆中维生素和矿物质等的流失。土豆切完后最好马上烹调,以防营养素流失。

(5)烹调宜用文火　用文火炖煮,才能使土豆均匀地熟烂。若急火烧煮,会使土豆外层熟烂,甚至开裂,而里面却是生的。另外,大火炖,汤汁不断翻滚会使土豆块外面煮烂,更容易烟锅。

32. 为什么长斑的红薯不能吃?

红薯,又名番薯、白薯、甘薯、地瓜等。表皮呈褐色或黑色斑点的红薯,是受到了黑斑病菌的污染。黑斑病菌排出的毒素,含有番薯酮和番薯酮醇,使番薯变硬、发苦,对人的肝脏有剧毒。这种毒素用水煮、蒸和火烤,其生物活性均不能破坏。故生吃或熟吃有黑斑病的红薯,均能引起中毒。黑斑病红薯中毒,多在 24 小时内发病,主要有恶心、呕吐、腹泻等胃肠道症状。严重的会出现高热、头痛、气喘、神志不清、抽搐、呕血、昏迷,甚至死亡。对此病目前尚无特效疗法。

33. 吃木薯怎样防止中毒?

尽管木薯的块根富含淀粉,但其全株各部位均含一种名为亚麻仁苦苷,经胃酸水解后产生游离的氢氰酸,使人体中毒。新鲜块根毒性较大。摄入生的或未煮熟的木薯或喝其汤,都有可能引起中毒。中毒症状轻者恶心、呕吐、腹泻、头晕;重者呼吸困难、心跳加快、瞳孔散大,以至昏迷,最后抽搐、休克,因呼吸衰竭而死亡。此外,还可引起甲状腺肿、脂肪肝以及对视神经和运动神经的损害等慢性病变。人如果一次食用 150~300 克生木薯即可引起死亡。食用木薯前去皮,用清水浸泡 2 天,并在蒸煮时打开锅盖使氢氰酸充分挥发,可以防止中毒。

34. 怎样鉴别真假山药片?

(1)看心线　山药片中间没有心线,而木薯片中间有心线,尽管心线很小,但只要认真观察,就能看出来。有的木薯片因为削得薄,晒干后,心线往往会掉出去,留下一个小洞。如中间有小洞,一定是木薯片。

（2）**看边缘** 山药皮很薄，削片前都会被削干净，而木薯皮比山药皮厚许多。一些拇指般粗的木薯，因为太细，剥皮困难，制假者往往不会花工夫去剥皮，所以削成干片后，边上就会存留着厚皮。凡有厚皮者，必是假山药。

（3）**手摸** 山药干片含淀粉很多，用手摸时，感觉比较细腻，会有较多的淀粉粘在手上。木薯虽然含淀粉量也很高，但粗纤维含量比山药高，比山药粗糙，留在手上的淀粉也比较少。

（4）**水煮** 山药一般容易煮烂，而木薯很难煮烂。煮后的山药有一种烂、粉的口感，而木薯的口感比较硬。

35. 山药怎样吃好？

山药，因其营养丰富，自古以来就被视为物美价廉的"补"品。山药的食用方法很多，既可作主食，又可作菜肴，还能制成糖葫芦之类的小吃或甜点。从健康角度来说，山药较好的烹饪方法有两种：一是蒸山药。原汁原味，没有其他添加物，营养价值能很好地保存，有效成分也不易被破坏。二是木耳炒山药。木耳具有清肺、润肺、补血益气的作用，也是一种健康食物，若再配上山药，自然好上加好。食用山药需要注意以下几点：一是山药中淀粉含量较高，大便干燥、便秘者最好少吃；二是山药属偏补的食材，甘平且偏热，体质偏热、容易上火的人慎食；三是山药中含有大量黏液蛋白，这种物质对皮肤产生刺激作用，所以用清水洗净后，应先放在沸水锅中煮或用蒸屉蒸 4～5 分钟，冷却后再行去皮。

36. 常见四种萝卜的营养功效怎样？

（1）**红萝卜** 又名大红萝卜、东北红萝卜，含有大量胡萝卜素、钾、磷、钙、铁、维生素 K、维生素 C 等营养物质。红萝卜对痛风有特效，因为它属碱性食品，是一种基本上不含嘌呤的蔬菜。红萝卜性微温,入肺、胃二经,具有清热、解毒、利湿、散瘀、健胃消食、化痰止咳、顺气、利便、生津止渴、补中、安五脏等功能。红萝卜生吃养血,熟吃补身。其中的胡萝卜素是脂溶性物质,用油爆炒是最好的食用方式,其营养物质可以充分被吸收。

(2)白萝卜 现代研究认为,白萝卜含芥子油、淀粉酶和粗纤维,具有促进消化、增强食欲、加快胃肠蠕动和止咳化痰的作用。中医学也认为其味辛甘,性凉,入肺胃经,为食疗佳品,可以治疗或辅助治疗多种疾病,《本草纲目》称之为"蔬中最有利者",一般人都可食用。萝卜性偏寒凉而利肠,脾虚泄泻者应慎食或少食;胃溃疡、十二指肠溃疡、慢性胃炎、单纯甲状腺肿、先兆流产、子宫脱垂等患者忌吃。

(3)青萝卜 富含人体所需的营养物质,淀粉酶含量很高,肉质致密,色呈淡绿色,水多味甜、微辣,是著名的生食品种,人称"水果萝卜"。除生食外,还可做汤、干腌、盐渍和制作泡菜等。青萝卜还具有药用价值,有消积、祛痰、利尿、止泻等效用。一般人群均可食用,但阴盛偏寒体质、脾胃虚寒、胃及十二指肠溃疡、慢性胃炎、单纯甲状腺肿、先兆流产、子宫脱垂等患者应少食。

(4)水萝卜 每100克水萝卜中含有8克蛋白质,45毫克维生素C以及丰富的膳食纤维。具有利尿、消食等功效。水萝卜口感爽脆,可以生吃。

37. 为什么豆荚类蔬菜忌未熟透?

豌豆、豇豆、小刀豆等豆类蔬菜脂肪含量比较少,矿物质含量极多,既可以热炒,又可凉拌,并且口感很好。但生的豆类中含血细胞凝集素,人吃后会产生恶心、腹泻、呕吐、腹痛等症状,非常像急性胃肠炎。此外,血细胞凝集素还会破坏人体血液里的红细胞,和红细胞发生凝聚作用,破坏红细胞的输氧能力,引起人体中毒。不过,血细胞凝集素不耐高温,100℃加热煮熟之后,即被破坏。因此,为了避免食用豆类蔬菜中毒,无论是炖、炒、煮,都一定要将其蒸熟煮透。

38. 怎样水焯蔬菜?

在制作凉菜时,大部分蔬菜都需要焯水,如花椰菜、西兰花、四季豆等,在水里加入适量色拉油和食盐,焯出来的蔬菜不仅色泽光亮而且调味时容易入味。焯水的过程中火候要大,时间要短,才能保证色泽鲜亮。

39. 豆芽比原豆更有营养吗?

豆类子实中含有胰蛋白酶抑制剂等抗营养因子,使其营养受到限制。而豆类发芽后蛋白质被水解成氨基酸和多肽,易引起腹胀的水苏糖等寡糖也基本消失,避免了腹胀。豆芽发芽过程中由于酶的作用,钙、磷、铁、锌等矿物质元素被释放出来,胡萝卜素可增加 $1\sim2$ 倍,维生素 B_2 可增加 $2\sim4$ 倍,维生素 B_{12} 是大豆的 10 倍,维生素 E 增加 3 倍,叶酸等物质也成倍增加。但烹制豆芽菜时也必须熟透。

40. 为什么绿豆芽不能生得过长?

绿豆芽鲜嫩味美,富含维生素等营养成分。在豆芽萌发的过程中,绿豆的蛋白质会转化为天门冬氨酸、维生素 C 等成分。绿豆芽长得太长,其所含的蛋白质、淀粉及脂类物质就会消耗得太多。据测定,当绿豆芽长达 $10\sim15$ 厘米时,绿豆中的营养物质将损失 20% 左右;长到 2 厘米左右时,所含营养价值最高,每 500 克维生素 C 含量可达 180 毫克;超过 10 厘米时,每 500 克只含维生素 C $30\sim40$ 毫克。因此,绿豆芽以 $2\sim6$ 厘米长且粗壮为宜。

41. 怎样鉴别用尿素生发的豆芽？

用尿素生发的豆芽，一般根短、少根或无根，并且水分含量大、色泽灰白、芽脚粗硬，非常饱满。将豆芽折断，断面会冒出水分，有的还残留有化肥的气味。这种豆芽一经热炒，就会挥发出氨氮的尿骚味。而用清水泡发的豆芽一般细长有根须，颜色发暗，豆子的芽胚发乌，水分含量低。

42. 怎样鉴别激素豆芽？

很多家庭喜欢挑选没有须根、茎粗短、顶芽小的豆芽菜食用，认为这种豆芽菜又嫩又脆，浪费也少，而且烹调快。但生产无根豆芽使用的无根豆芽素（也称无根剂）是一种能使豆芽细胞快速分裂的激素类农药，同氮肥一样对人体有致癌、致畸形的作用。

人长期食用激素豆芽后，会抑制肌体各种细胞的生长或组织变性，使某些细胞发生突变而逐渐衍变为癌细胞。同时，还能引起某些组织慢性中毒，导致新陈代谢障碍。此外，也会促使儿童发育早熟、女性生理发生改变、老年人骨质疏松等。

此外，激素豆芽生产过程中还可能使用植物生长调节剂、增粗剂等添加剂，这些添加剂均属于农药，长期食用会影响视力、肝脏以及胃肠功能，更有甚者可导致身体细胞的癌变。

怎么鉴别激素豆芽呢？

(1)看芽茎 自然培育的豆芽芽身挺直稍细，牙脚不软、脆嫩、有光泽、白色；而激素催生的豆芽芽茎粗壮、呈灰白色，折断后有水分冒出。

(2)看芽根 自然培育的豆芽，根须发育良好，无烂根、烂尖现象；而激素催生的豆芽根短、少根或无根。

(3)看豆粒 激素催生的豆芽豆粒可能发蓝。

43. 为什么发黑变青的茭白不宜选购？

茭白又称茭瓜、茭笋，是我国特有的水生蔬菜，一直被列为保健食品，食用部分是其花茎，它是在食用黑穗菌寄生后受刺激膨大长成的，适时采摘则肉质洁白；如果采收过迟，果穗菌丝就会产生黑褐色的孢子而发黑。要是花茎生长过大并接受日光照射，那么茭白就会因产生叶绿素而变青。茭白无论是发黑还是变青，都说明茭白已老化，食用品质降低，因此不宜选购。如果在家庭中存有茭白，为了防止茭白发黑变青，应当将其浸泡在清水中，以保持茭白肉质洁白。

44. 怎样鉴别黄花菜质量？

(1)优质黄花菜 颜色金黄而有光泽、气味清香，无青条(即色青黄或暗绿，花虚软，是由于加工时蒸制未全熟所致)和油条(即花体发黑发黏，是由蒸制过熟造成)，花条长、粗壮、均匀完整、干燥，紧握手感柔软有弹性，松开后很快散开，有清香味，无霉烂、虫蛀、异味、杂质，开花菜不超过 10％。

(2)次质黄花菜 色泽深黄而略带微红，无青条、油条，花条略短而细，稍欠均匀，干燥无霉烂虫蛀，无异味，无蒂柄杂质，开花菜不超过 10％。

(3)劣质黄花菜 色萎黄带褐，无光泽，短瘦弯曲，长短不匀，紧握质地坚硬易折断，松开后不能很快散开，有青条或油条，有杂质或虫蛀，有烟熏味或霉味，开花菜多，占 10％以上。食用价值低或无。

45. 为什么新鲜的黄花菜不能直接食用？

新鲜黄花菜中含有一种叫秋水仙碱的物质。秋水仙碱本身虽然无毒，但其进入人体内后被氧化成毒性很大的二秋水仙碱，对胃肠黏膜和呼吸器官黏膜产生强烈的刺激作用。成年人一次食入0.1～0.2毫克的秋水仙碱(相当于鲜黄花菜50～100克),即可出现恶心、呕吐、腹痛、腹泻、头晕、头痛、喉干、口渴等症状,严重者还会有血便、血尿等。中毒潜伏期一般为0.5～4小时,病程1～3天。

鲜黄花菜中含有的秋水仙碱是水溶性的,故鲜品应先用沸水焯过,再用清水浸泡2～3小时后再炒熟煮透食之。对食鲜黄花菜发生中毒者,可用浓茶水洗肠胃,严重者应尽快送医院治疗。干黄花菜已经经过蒸熟晒干,菜中的秋水仙碱受热破坏,所以食用不会引起中毒。

46. 吃未腌透的酸菜会中毒吗?

未腌透的酸菜中含有的亚硝酸盐进入消化道,溶进血液以后,能够将血液中正常的血红蛋白氧化为高铁血红蛋白,它能减弱正常血红蛋白的输氧能力,引起机体严重缺氧。缺氧以后,人的指甲、口唇、皮肤上会出现紫绀,并伴有头痛、头晕、呼吸和心跳加快、身体不适等症状,严重时还能因为呼吸衰竭而引起生命危险。一般情况下,盐腌后4小时亚硝酸盐开始明显增加,14～20天达高峰,此后又逐渐下降。在室温为18℃的环境中,保持30天以上时间,菜基本上就能腌透。如果白菜抱心很紧很实,腌渍的时间还要更长一些。

47. 做泡菜时加醋好吗?

泡菜在泡制过程中易形成对人体有害的亚硝酸盐,为了降低其含量,可在泡制过程中加入少许食醋。有研究显示,在泡菜水里添加0.6%食醋,其产生亚硝酸盐的量会降低许多。这是因为酸性环境能抑制亚硝酸盐的生成,并加快乳酸菌发酵,减少泡菜的泡制时间。同时,加了醋的泡菜,口感更加爽脆可口,味道更好。

48. 为什么忌将洋葱存放于塑料袋内?

洋葱中含有类黄酮化合物——栎精,人体不能合成,栎精在体内生成新的化合物后,可阻止导致动脉壁变厚的特定慢性炎症的发生,从而降低患心脏病的风险。深受人们的推崇。洋葱耐贮存,但不宜存放在塑料袋中。

贮存中洋葱本身进行呼吸活动,释放二氧化碳和热量。若将洋葱放在塑料袋里,就会使袋里出现水气,使洋葱表面发湿,继而腐烂。

正确的做法是:洋葱买来后,晾透,使表皮吹干,水分减少,存放在凉爽、干燥、通风处,这样洋葱就不会发芽变软,也提高了食用价值。

49. 哪些蔬菜在吃前需水焯?

(1)十字花科类蔬菜 包括油菜、芥菜、萝卜等,这类蔬菜大多含有的芥子油苷是一种可阻止人体生长发育和致甲状腺肿的毒素。如果处理不好,可能会出现甲状腺肿大、代谢紊乱,出现中毒症状,甚至死亡。沸水焯后可分解芥子油且口感会更好,富含的纤维素也更容易消化。

(2)含有某种毒素的蔬菜 一些豆类蔬菜的籽粒中,有一种叫做凝结素的有毒蛋白质,如生吃,会使人体血液内的红细胞聚集起来,导致恶心、呕吐及其腹泻,严重时可能会致死。但这类食物烧熟后,有毒蛋白质就会失去毒性,能够放心食用,如豆芽。

(3)含草酸较多的蔬菜 如菠菜、竹笋、茭白等,草酸在肠道内会与钙结合成难吸收的草酸钙,干扰人体对钙的吸收。因此,凉拌前一定要用沸水焯一下,除去其中大部分草酸。

(4)芥菜类蔬菜 如大头菜等,它们含有一种叫硫代葡萄糖苷的物质,经水解后能产生挥发性芥子油,具有促进消化吸收的作用。

(5)马齿苋等野菜 焯一下能彻底去除其表面的尘土和小虫,还能防止过敏。

此外,莴苣、荸荠等生吃之前也最好先削皮、洗净,用沸水烫一下再吃,这样更卫生,也不会影响口感和营养含量。

50. 绿叶蔬菜烹调注意什么?

蔬菜中除含丰富的矿物质和维生素外,还有相当多的硝酸盐和亚硝酸盐,特别是韭菜、芹菜、萝卜、莴苣等,这些蔬菜宜急火快炒,不宜焖煮时间过长、过夜或重新加热,否则硝酸盐还原成亚硝酸盐进入血液,与血红蛋白形成高铁血红蛋白或亚硝基血红蛋白,使血红蛋白失去携氧功能,从而使人体处于缺氧状态。另外,蔬菜经过反复加热,维生素损失殆尽,失去了蔬菜的营养价值。因此,蔬菜最好现炒现吃,不要吃隔夜的剩菜。

51. 菜根有哪些营养功效?

(1)白菜根 味甘性微寒,具有清热利水、解表散寒、养胃止渴的功效。将白菜根洗净、切片与生姜、葱白等煎汤服用,可治疗感冒初期恶寒发热、胃热阴伤。

(2)蕹菜根 又名空心菜,性平、味甘,有清热凉血、利尿解毒的作用。将空心菜根120克水煎服,可以治疗痢疾;捣烂外敷,可以治疗跌打肿痛;煎汤含漱,可治龋齿牙痛。

(3)菠菜根 性凉、味甘,能养血、止血、敛阴、润燥。常吃菠菜根可以增强体质、养颜排毒、保护视力、稳定情绪。

(4)茄子根 味甘性寒,含有多种生物碱、B族维生素、维生素

C、胡萝卜素、脂肪。着霜后的茄子根可治疗冻疮。将茄根切碎煎成浓汁,加红糖饮服能治疗气管炎。

(5)芹菜根 味甘微苦,含蛋白质、脂肪、维生素及磷、钙,可健脑提神、润肺止咳。取芹菜根、大枣煎汤,吃枣喝汤,可预防动脉硬化。

(6)韭菜根 性味、辛温,有温中行气、散血解毒、消肿止痛的作用。取韭菜根捣烂,敷于伤痛处,可治疗跌打损伤。

(7)葱根 性温、味辛,含有维生素 C、糖类。将葱根与淡豆豉捣烂煮水,加红糖或与适量大米同煮成粥,可以预防伤风感冒。

52. 常见的野菜有哪些? 食用野菜应注意什么?

(1)马齿菜 又叫马齿苋、长寿菜。一般为红褐色,叶片肥厚、长倒卵形,因为样子像马齿而得名。它含有蛋白质、脂肪、硫氨酸、核黄素、抗坏血酸等多种营养物质。由于含酸类物质比较多,吃的时候会觉得稍有些酸味。马齿菜的药用功能是清热解毒,凉血止血。它含有丰富的去甲肾上腺素,能促进胰岛腺分泌胰岛素、调节人体糖代谢过程、降低血糖浓度、保持血糖恒定,对糖尿病有一定的治疗作用。此外,它还含有一种叫做 ω-3 的不饱和脂肪酸,能抑制胆固醇和甘油三酯的生成,对心血管有保护作用。它的吃法有很多种,焯过之后炒食、凉拌、做馅均可。

(2)蒲公英 又名黄花苗、婆婆丁、黄花地丁等。它的花粉里含有维生素、亚油酸,枝叶中则含有胆碱、氨基酸和微量元素。其主要功能是清热解毒、消肿和利尿。它具有广谱抗菌的作用,还能激发机体的免疫功能,达到利胆和保肝的作用。可生吃,也可焯过后炒食或做汤,比如海蜇皮拌婆婆丁、婆婆丁炒肉丝;还可配绿茶、甘草、蜂蜜等,调成能够清热解毒、消肿的婆婆丁绿茶。

(3)苦菜 学名麻菜、苣荬菜。茎呈黄白色;叶片为圆状披针形,表面绿色,背面灰绿色;花黄色,舌状。苦菜能够清热燥湿、消肿排脓、化淤解毒、凉血止血。水煎浓缩乙醇提取液,对急性淋巴细胞性白血病、急性及慢性粒细胞白血病均有抑制作用。比较常见的烹饪方法有蒜茸拌苦菜、酱拌苦菜、苦菜烧猪肝等。

(4)蕨菜 又名蕨儿菜、龙头菜。蕨菜叶卷曲状时,比较鲜嫩,老后叶片就会舒展开来。蕨菜具有清热滑肠、降气化痰、利尿安神等作用。干蕨菜或用盐腌过的蕨菜在吃前最好用水浸一下,使它复原。常见的吃法有滑炒脊丝蕨菜、蕨菜扣肉、凉拌蕨菜等。

(5)桔梗 又叫明叶菜、和尚帽,朝鲜族人又称其为道拉基。它的枝端能够开出蓝色的小花。桔梗根具有祛痰镇咳、镇痛、解热、镇静、降血糖、消炎、抗溃疡、抗肿瘤和抑菌等作用。

(6)荠菜 又名护生草、地菜、地米菜、菱闸菜等。以嫩叶供食。它的主要食疗作用是凉血止血、补虚健脾、清热利水。荠菜的嫩茎叶或越冬芽,焯过后凉拌、蘸酱、做汤、做馅、炒食均可,也可熬成鲜美的荠菜粥。

(7)苋菜 又名野苋菜、赤苋、雁来红。苋菜的根一般为紫色或淡紫色,茎上很少有分枝,叶呈卵形或菱形,菜叶有绿色或紫红色,一般食用比较嫩的苋菜茎叶,具有清热利尿、解毒、滋阴润燥的作用。除炒食、凉拌、做汤外,还可用来做馅。

(8)水芹菜 又名水芹、河芹。它的茎是中空的,叶片呈三角形,花是白色,主要生长在潮湿的地方,比如池沼边、河边和水田。水芹菜有清热解毒、润肺、健脾和胃、消食导滞、利尿、止血、降血压、抗肝炎、抗心律失常、抗菌的作用。食用方法有猪肉炒水芹、水芹羊肉饺和水芹拌花生仁。

(9)刺嫩芽 又叫刺龙芽、辽东楤木,主要生长在灌木丛中和林中空地,属于木本植物。它的树皮呈灰色,上面生满了粗大坚硬的皮刺;花是淡黄白色;果实为浆果、球形、黑色。刺嫩芽主要食用嫩芽,有补气、活血、祛风、利湿、止痛、补肾益精等作用。

(10)小根蒜 小根蒜又名薤白、小根菜。它的茎叶长得很像蒜,也有葱、蒜的味道。其作用是通阳化气、开胸散结、行气导滞,治疗痢疾以及抑制高血脂病人血液中过氧化酯的升高,防止动脉粥样硬化。主要吃法有小根蒜拌豆腐、小根蒜白木耳粥。

野菜虽然可口,但是在摘采、食用时需注意。山区、荒野等地的野菜,不易受到化肥、农药污染,可以采食。土壤、空气被污染地区的野菜,一定要慎食,如化工厂附近以及马路边。受污染的野菜较难清洗干净。有些野菜对环境中的重金属有富集作用,若长期食用可能导致重金属中毒。野菜在食用之前,最好先在清水里浸泡 2 小时以上,或用沸水焯烫后再食用。

53. 怎样鉴别海带的质量?

优质海带色泽为深褐色或褐绿色,叶片长而宽阔,肉厚且不带根,表面有微呈白色粉状的甘露醇,含沙量和杂质量均少。值得注意的是,颜色特别亮丽的海带,很有可能是用化学药品加工过的。次质海带色泽呈黄绿色,叶片短狭而肉薄,一般含沙量较高。

54. 为什么水发海带时间不宜过长?

海带需浸泡水发后才能食用,但是海带中的碘、甘露醇以及 B 族维生素等营养物质非常容易溶于水中。因此,如果长时间水发浸泡海带,海带中的许多重要营养物质就会溶于水中,从而降低食用价值。科学泡发海带的方法是,先把海带蒸 30 分钟,然后再用清水浸泡 5 分钟,这样既保护了营养又易于煮烂。如果单靠水来水发海带,浸泡时间不宜超过 30 分钟,以防营养损失。

55. 食用海带有哪些禁忌?

①吃海带后不要马上喝茶(含鞣酸),也不要立刻吃酸涩的水果(含植物酸)。因为海带中含有丰富的铁,鞣酸和植物酸会阻碍

人体对铁的吸收。

②因为海带中碘的含量较丰富,甲亢患者忌吃海带。

③海带中的碘可随血液循环和乳汁进入胎儿和婴儿体内,引起甲状腺功能障碍,所以孕妇和乳母慎吃海带。

56. 怎样鉴别真假荸荠粉?

荸荠,干的称马蹄,湿的称地栗。市场上以荸荠粉制作的马蹄糕,是人们喜爱的食品之一。但是,有些投机商贩以木薯粉、葛粉冒充马蹄粉出售,使消费者上当受骗。其实,用鲜马蹄加工出的马蹄粉,与红薯粉、生粉或葛粉有着完全不同的特性,只要细心观察,很容易鉴别出真假。

(1)看色泽 马蹄粉灰白色或象牙色;假马蹄粉为纯白色或带赤色。

(2)看形状 马蹄粉呈棱角形的粒状,手捏之松散易滑;假马蹄粉,呈块状或粒状,手捏较粗感。

(3)闻气味 马蹄粉有一股特有的清香味;假马蹄粉则没有这种气味。

(4)尝滋味 马蹄粉入口,有清凉润喉的感觉,并有甜味;假马蹄粉往往有苦涩味。

57. 怎样选择莲藕?

(1)看用途 藕有塘藕与田藕之分。塘藕也叫池藕或水藕,因种在池塘中,质地白嫩汁多,品质较好,身长,孔少,适合炒、凉拌等;田藕又称湖藕,不如池藕洁白,身短,孔多且色泽偏深色,粉红色或红褐色,适合煲汤、焖、煮等。

(2)看外形 以藕节短、藕身粗、外形饱满、水分多的为好,从藕尖数起第二节藕最好。藕节与藕节之间的间距愈长,表示莲藕

的成熟度愈高,口感越松软。以夏、秋两季挖出的,皮无破损、粗壮
而有清香味的为好。不断节,不干缩,不变色,顶端"鹦哥头"越小
者越好。

(3)看沾泥 没有湿泥的莲藕通常已经过处理,不耐保存;有
湿泥的莲藕较好保存,可置于阴凉处1周左右。

(4)看颜色 莲藕外皮光滑且呈黄褐色,如果发黑或有异味,
不宜选购。已洗好、外观佳的莲藕可能经化学制剂柠檬酸浸泡,颜
色较白,不宜购买。

(5)看气孔 已经切开的莲藕,可以观察莲藕中间的通气孔,
通气孔大的莲藕比较多汁。但是,断节的莲藕不宜购买,因为其中
很容易进泥土或其他脏东西。

58. 为什么鲜藕不能生吃?

生藕吃起来虽然鲜嫩可口,但有些藕寄生着姜片虫,很容易引
起姜片虫病。姜片虫卵落入水中,发育成毛蚴,并在螺蛳体内发育
成尾蚴钻出螺壳附在生藕上,就会形成囊蚴。囊蚴在小肠内发育
成虫附在肠黏膜上,就会造成肠损伤和溃疡,使人腹痛、腹泻、消化
不良,儿童还会出现面部水肿、发育迟缓、智力减退等症状,严重者
还会发生虚脱而死亡。因此,鲜藕一定要煮熟后再吃。

59. 怎样辨别藕粉真伪?

(1)看颜色 纯藕粉含有多量的铁质和还原糖等成分,与空气
接触极易氧化,使粉的颜色由白而转微红。其他淀粉(如甘薯、土
豆和荸荠、葛根等淀粉)没有这种变化,都是纯白色或略带黄色的;
如果这类淀粉呈玫瑰红色,则是加入食用色素所致。而经过漂白
的藕粉,则为乳白色。掺入不同淀粉的藕粉,色泽杂;如掺入山芋
淀粉的藕粉,色泽浅黄。

(2)**观形质** 藕粉和其他淀粉有时呈片状,但片状的藕粉表面上有丝状纹络;而其他片状淀粉的两侧,表面是平光的。

(3)**闻味道** 真藕粉具有藕质独特的浓郁清香气味。掺入其他淀粉的藕粉,则有淀粉的气味。通常可以取一点藕粉放入杯内,加入热水过2分钟后待沉淀,再将水倒出,若沉淀物有山芋味,说明藕粉中掺有山芋淀粉。

(4)**试手感** 取少许藕粉用手指揉擦,其质地比其他淀粉细腻、滑爽如脂且无异状。

(5)**尝口感** 取少量放入口中,当触及唾液时很快溶化的是真藕粉。假藕粉入口不仅不溶化,甚至会黏糊在一起或成团状。

(6)**试黏度** 取少许藕粉放入杯内,加热水搅拌,用筷子试验其黏度,一般真藕粉的黏性差,而山芋等淀粉黏性好。

果 品 篇

1. 不同颜色的水果各有哪些营养功效?

(1)红色水果 番茄、石榴等,其特殊成分为类胡萝卜素,具有抗氧化作用,能清除自由基,抑制癌细胞形成,提高人体免疫力。

(2)黑色水果 葡萄、黑莓、蓝莓和李子等,其中含有能消除眼睛疲劳的原花青素,这种成分还能增强血管弹性,防止胆固醇囤积,是预防癌症和动脉硬化最好的成分。相比浅色水果,紫黑色水果含有更丰富的维生素 C,可以增强人体的抵抗力。

(3)黄色水果 柠檬、杧果、橙子、木瓜、柿子、菠萝、橘子等,含有天然抗氧化剂 β-胡萝卜素,这是迄今为止防止病毒活性最有效的成分,可以提高机体的免疫功能。而柑橘类水果中的橘色素还有抗癌功效,它的作用可能比 β-胡萝卜素更强。此外,作为心脏的保护因子,常见于绿色叶菜中的维生素 C 和叶酸,在黄色水果中含量也很丰富。

(4)绿色水果 青苹果等,含有叶黄素或玉米黄质,它们的抗氧化作用能使视网膜免遭损伤,具有保护视力的作用。

2. 怎样识别和清洗打蜡水果?

水果打蜡主要是为了保鲜。蜡在水果表面形成一层保护膜,不仅可以保护水果外皮、提高光泽度,还可以防止水分蒸发,保持水果鲜香,防腐防虫。水果打蜡是国际上允许的保鲜方法,有成熟的工艺和法规。我国《食品添加剂使用卫生标准》也是允许给鲜水果表面打蜡的,但必须使用规定的添加剂,适量添加。一般来说,当季水果无须保鲜处理,一般不会打蜡。而反季节水果和需要远距离运输的高档水果经常用这种方法保鲜。

水果外皮格外光滑、颜色特别鲜亮的通常为打过蜡的;而摸起来表皮粗糙的,是没打蜡。如果用餐巾纸擦拭水果表面,能擦下一层淡淡的红色,就可能是含有汞、铅等重金属的工业蜡,对身体健康有害,所以切勿购买。

去除果皮上的蜡,不一定非要削皮,还有其他既保全营养又简单易行的好办法。一是用热水冲烫或浸泡。时间不宜过久,水温也不宜太高。蜡一遇热即融化,很容易脱离水果表面。二是用食盐或小苏打搓洗。

3. 水果能替代蔬菜吗?

很多人都认为,水果、蔬菜营养差不多,作用也相近,所以每天只吃蔬菜不吃水果或者只吃水果不吃蔬菜都行。事实上,这种认识是错误的。

第一,蔬菜中的维生素、矿物质、膳食纤维的含量高于水果。绿叶菜中维生素C、胡萝卜素、膳食纤维以及铁、钙等矿物质含量丰富,而水果中除鲜枣、山楂、柑橘、猕猴桃含较多维生素C外,像苹果、梨、桃、香蕉、菠萝等水果中的维生素C含量较低;水果中除杧果的胡萝卜素含量能与绿叶菜相当外,黄杏、黄桃、柑橘等中含少量胡萝卜素,而其他水果中胡萝卜素含量都很低;铁、钙等矿物质和膳食纤维的含量,水果一般都比蔬菜少。

第二,水果中所含的膳食纤维主要是可溶性纤维——果胶,它不易被人体吸收,会减慢胃肠排空速度。而蔬菜中的膳食纤维是不可溶性纤维,能促进胃肠蠕动、清除肠道内蓄积的有毒物质,可防治便秘、痔疮、大肠癌等,这是水果难以达到的。

第三,大多数蔬菜所含的糖类是淀粉类多糖,需经消化道各种酶水解成单糖后被慢慢吸收,因此不会引起血糖大幅波动。而水果中所含的糖类主要是单糖(果糖、葡萄糖)和双糖(蔗糖),食入后只需稍加消化,即可溶入血液,使血糖很快升高。这些单糖、双糖的过多摄入,还容易转变成脂肪,使人发胖。因此,糖尿病人和肥胖病人应严格控制水果的摄入量,而对蔬菜无须严格控制。

第四,水果除味道香甜、不用烹调、营养流失少、不增加盐和油脂的摄入外,多数水果还含具有生物活性的植物化学物质,如各种有机酸(柠檬酸、苹果酸、酒石酸等)、酚酸类物质、芳香类物质等。这些物质可刺激消化液分泌,开胃消食,并促进多种矿物质的吸收,具有抗菌消炎、清除自由基、抑制血小板凝集等作用。

可见,蔬菜和水果不能互相替代。中医经典著作《黄帝内经·素问》中曰"五菜为充,五果为助",即应将蔬菜作为人体获取维生素、矿物质、膳食纤维的主要来源,可较多食用;水果可作为一种重要的营养补充,必不可少,要适量摄取。中国营养学会在《中国居民膳食指南》中建议一般人群每人每天吃蔬菜 300～500 克、水果 100～200 克,每天食用 2 种以上水果,分多次摄入为宜。

4. 苹果怎样吃好?

苹果带皮吃好,因苹果皮中含有很多生物活性物质,如酚类物质、黄酮类物质,以及二十八烷醇等。这些活性物质可以抑制引起血压升高的血管紧张素转化酶,有助于预防慢性疾病,如心血管疾病、冠心病等。此外,苹果皮的摄入还可以降低肺癌的发病率。国外研究表明,苹果皮较果肉具有更强的抗氧化性,苹果皮的抗氧化作用较其他水果、蔬菜都高。普通大小苹果的果皮抗氧化能力相当于 800 毫克维生素 C 的抗氧化能力。苹果皮中的二十八烷醇还具有抗疲劳和增强体力的功效。苹果皮可以抑制齿垢的酶活性及口腔内细菌的生长,具有抗蚀作用,可以保护牙齿;还可以使皮肤白嫩,防止黑色素的生成,有美容功效。所以,在食用苹果时,最好清洗干净后带皮一起吃。

另外,苹果可降低因长期服用阿司匹林导致的胃溃疡和胃出血风险,因此服药前吃个苹果,对胃黏膜有保护作用。

5. 怎样清洗桃?

桃表面的茸毛,不仅影响口感,还有可能吸入呼吸道,引起咳嗽、咽喉刺痒等症状,甚至引起消化不良,造成腹泻。采用以下方法可将桃的茸毛清洗干净。

①将桃子用水淋湿,抓一把细盐涂在桃子表面,均匀揉搓,再将蘸着盐的桃放在水中浸泡片刻,轻轻翻动,最后用清水冲洗,桃毛即可全部去除。

②用干净的刷子将桃的表面刷一遍,在水中加少许盐,将桃放入,浸泡片刻,用手轻轻搓洗,可使桃毛全部脱落。

6. 哪些人不宜吃桃?

(1)**内热偏盛易生疮疖者** 桃味甘而性温,过食则生热。对于上火者来说,多吃桃无异于"火上浇油"。

(2)**糖尿病患者** 桃的含糖量高,每 100 克桃含糖 7 克,如果过量进食,就会引起血糖和尿糖迅速上升,加重病情。

(3)**胃肠功能弱者** 桃中含有大量的大分子物质,会增加胃肠负担,造成腹痛、腹泻。

(4)**婴幼儿及孕妇** 婴幼儿胃肠功能差,无法消化桃中大量的大分子物质,很容易造成过敏反应。孕妇食桃过量可生热,引起流产、出血等。

(5)**过敏性体质者** 有些人吃桃会出现过敏,如嘴角发红、脱皮、瘙痒等。

7. 怎样挑选猕猴桃？

(1)看硬度 消费者购买猕猴桃，一般要选择整体处于坚硬状态的果实。不过，坚硬状态的猕猴桃并不好吃，其糖分较低，酸涩，口感差。这是因为其中含有大量蛋白酶，会分解舌头和口腔黏膜的蛋白质，引起不适感。所以，猕猴桃一定要放熟后食用。可以把猕猴桃和苹果放在一起催熟，使其变软、变甜。

(2)看外表 果形饱满、无伤无病的较好，靠近一端的部位透出隐约绿色者更佳。表皮毛刺的多少，因品种而异。凡是有小块碰伤、有软点、有破损的，伤处就会迅速变软，然后变酸，甚至溃烂，使整个果体变软、变味，严重影响食用品质都不宜购买。

(3)看大小 小型果在口味和营养上并不逊色于大型果，所以不必一味追求大果，异常大的果实很有可能是使用了膨大剂，不宜购买。

(4)看颜色 浓绿色果肉、味酸甜的猕猴桃品质较好，维生素含量较高。

8. 吃山竹有哪些注意事项？

山竹具有降燥、清凉解热的作用，如果吃了过多榴莲上了火，吃上几个山竹就能缓解。在泰国，人们将榴莲、山竹视为"夫妻果"。山竹含有丰富的蛋白质和脂类，对人体具有很好的补养作用，同时对体弱、营养不良、病后也都有很好的调养作用。

山竹富含纤维素，在胃肠中会吸水膨胀，过多食用会引起便秘。另外，山竹属寒性水果，体质虚寒者应少食。山竹不可与西瓜、豆浆、啤酒、白菜、芥菜、苦瓜、冬瓜、荷叶汤等寒凉食物同吃，若食用过量，可用红糖煮姜茶解之。

9. 苦味柑橘能吃吗？

柑橘中含有多种糖苷,其中柚皮苷和新橙皮苷,是柑橘果实中主要的苦味物质,在未成熟的柑橘中含量较高,大量食用会对身体产生不良影响。而成熟后的柑橘,在各种酶的作用下,上述两种糖苷逐渐转化,苦涩味也逐渐消失。柑橘贮藏在 0℃左右的低温时,柑橘内的酶活力降低,各种糖苷的水解反应受到影响,苦味不能减弱。柑橘受冻结冰后原生质脱水,蛋白质及胶体产生不可逆的凝固作用,失去抗菌能力,细菌特别是霉菌等腐败菌,极易侵入果肉中繁殖,使柑橘的苦味加重,营养价值也大大降低。因此,发苦的柑橘不能吃。

10. 橘子有哪些医用功效？

(1)橘肉开胃理气 橘肉味甘酸,性凉,具有开胃理气、止咳润肺、解酒醒神之功效,主治呕逆食少、口干舌燥、肺热咳嗽、饮酒过度等症。因其富含维生素 B_1、维生素 P(芦丁),可辅治高脂血症、动脉硬化及多种心血管疾病,还具有明显的抗癌作用,可预防胃癌。

(2)橘络化痰止咳 橘络是橘皮内层的网状筋络。其性味甘苦平,具有通经络、消痰积的作用,主治痰滞经络之胸胁胀痛、咳嗽咳痰或痰中带血等症。

(3)陈皮健脾化痰 陈皮是橘子干燥成熟的外皮,以陈者佳。其性温味辛、苦,具有理气健脾、燥湿化痰、止咳降逆等功效,可治疗脘腹胀满及疼痛、食少纳呆、恶心呕吐、嗳气、呃逆、便溏泄泻、寒痰咳嗽等症,还可解鱼、蟹毒。

(4)青皮疏肝破气 青皮是橘子未成熟果实之外皮或幼果,色青而名之。其性温味苦、辛,具有疏肝破气、散结消痰之功,力较陈皮强,常用于治疗肝郁气滞所致的胸胁胀满、胃脘胀闷、疝气、食积、乳房肿胀或结块等症。

(5)**橘核散结止痛** 橘核是橘子的果核(种子),性微温味苦平,功专理气散结止痛,对睾丸胀痛、疝气疼痛、乳房结块胀痛、腰痛等有良效。

(6)**橘红理气止咳** 刮去白色内层的橘皮表皮称为橘红,具有理肺气、祛痰、止咳的作用。

橘子含水量高、营养丰富,含大量维生素 C、柠檬酸及葡萄糖等多种营养物质。食用得当,能补益肌体,特别对患有慢性肝炎和高血压患者,多吃蜜橘可以提高肝脏解毒作用,加速胆固醇转化,防止动脉硬化。适量食用可增进食欲,但如食用过多反而无益。橘子吃多了会"上火",口角会起疱疹,有时还会引起便秘。如长期大量食用,就可能会出现高胡萝卜素血症,其表现为手、足掌皮肤黄染,渐染全身,并伴有恶心、呕吐、食欲不振、全身乏力等症状。儿童症状加剧。此症状称为"胡萝卜败血症",俗称"橘黄症"。患此症后,应适量多食植物油,并多喝水,以加速其溶解、转化和排泄。胃肠、肾、肺功能虚寒的老年人也不可多吃,以免诱发腹痛、腰膝酸软等病状。同样道理,橙子和芦柑也不宜多食。一般来说,成人每日吃 2～3 个橘子为宜。

11. 鲜橘皮可以泡水喝吗?

很多人都有一个习惯,喜欢用橘子皮泡茶,认为这样有利于健康。其实,鲜橘皮和中药中所用的陈皮并不是一回事,用它泡水不但没有药效,而且还可能对健康产生不利影响。众所周知,陈皮是成熟的橘皮晾干制成,陈得越久越好,一般隔年后才可以使用。陈皮隔年后挥发油含量大为减少,而黄酮类化合物含量相对增加,这时陈皮的药用价值才能体现出来。而鲜橘皮中含挥发油较多,不但气味强烈,还会刺激胃肠。另外,橘皮上会残留有部分农药和保鲜剂等有害物质。用这样的鲜橘皮直接泡水喝,对健康不利。

12. 柠檬鲜果有哪些用法?

(1)直接饮用 将柠檬鲜果洗净,横切成 2 毫米厚的片,去种子后直接放入杯中沏凉开水,加入适量冰糖即可饮用。

(2)制糖渍柠檬 将柠檬洗净,切片、去籽后,柠檬片和砂糖按 1∶2～3 的比例,采用一层柠檬一层糖的方法装入瓷罐或瓶中封严,1 周后即可饮用(糖尿病患者可采用盐渍,方法同糖渍),食盐用量为柠檬量的 25%～30%。

(3)用于烹饪 烹饪有膻腥味的食品,可将柠檬鲜片或柠檬汁在起锅前放入锅中,可去腥除膻。

(4)用于美容 将柠檬洗净切片后,放入凉开水中 3～5 分钟,即可用于敷脸、擦身、洗头。长期使用,可融蚀面部、身上的色斑,达到发如墨瀑、面如美玉、身如凝脂、光彩照人的效果。

(5)除臭保鲜 将柠檬鲜果裸置于冰箱或居室内,对清除冰箱或居室中异味可起较好的作用;切片放于泡菜坛中,可以除白,使泡菜清脆爽口。

13. 怎样清洗葡萄?

用剪刀将蒂头与果实交接处小心剪开,注意不要剪到皮,以免污染到果肉,也不要留一小断梗在果实之外。留梗的葡萄,除了不易洗净以外,也容易刺伤其他葡萄的果皮。葡萄上面白色的霜状物,掺杂有蜘蛛丝、渗液、昆虫等污物,不可食用,一定要将其洗干净后才能食用,特别是打汁饮用时。

在清水中放入适量面粉或挤出少许牙膏,用手搓,使之充分溶解,然后将葡萄放入水中浸泡,用手轻轻搅动葡萄。洗葡萄尽量在 5 分钟内完成,避免葡萄吸收过多水分,影响口感。倒掉脏水,用清水冲洗干净。葡萄应现洗现吃,不可久放,否则口感降低。

14. 怎样挑选西瓜?

(1)看纹路 瓜皮表面光滑、纹路清晰且呈散开状、底面发黄并带有光泽的,是熟瓜;表面有茸毛、光泽暗淡、花斑和纹路不清或呈紧密状的,是生瓜。

(2)看瓜柄 瓜柄新鲜的,是采收时间短的新鲜瓜;黑褐色、茸毛脱落、弯曲发脆、卷须尖端变黄、枯萎则表明采收时间较长;瓜柄已枯干,可能是"死藤瓜"或存放时间较长的。

(3)看形状 瓜体整齐匀称的质量好,瓜体畸形的质量差。

(4)看大小 同一品种的西瓜,相对较大者成熟度较好,糖分含量较高,水分含量较多,口感会更好。

(5)看头尾 两端匀称、脐部和瓜蒂凹陷较深、四周饱满且蒂头弯曲的是好瓜;头大尾小或头尖尾粗的是质量较差的瓜。

(6)比弹性 瓜皮较薄而硬,用手指压易碎的,是熟瓜;瓜皮黏而发软的,是过熟的瓜;瓜皮发涩的,是生瓜。

(7)用手掂 成熟度越高的西瓜,其分量就越轻。一般同样大小的西瓜,以轻者为好,过重者则可能是生瓜。

(8)听声音 用手指轻弹西瓜,发出"嘭嘭"声的是熟瓜;发出"当当"声的是未熟瓜;发出"噗噗"声的是过熟的瓜。

(9)看白圈 白圈,即未被太阳光照射部位。白圈越小,表明太阳照射越充分,糖分转化越好,口感越好。

(10)试比重 投入水中向上浮的是熟瓜;下沉的是生瓜。

15. 哪些人群应慎食西瓜?

(1)孕产妇 孕妇多吃西瓜,会引起早产、死产、低体重婴儿或妊娠并发症。产妇的体质比较虚弱,从中医的角度来说,西瓜属寒性,所以吃多了会导致过寒而损伤脾胃。

(2)肾功能不全者 肾功能出现问题的病人如果吃了太多的西瓜,会因摄入过多的水,又不能及时排出,造成水分在体内储存过量,血容量增多,容易诱发急性心力衰竭。

(3)糖尿病患者 吃西瓜会导致血糖的升高。病情较重者甚至会出现代谢紊乱而致酸中毒,危及生命。

(4)口腔溃疡者 中医学认为,口腔溃疡是阴虚内热、虚火上扰所致。由于西瓜有利尿作用,口腔溃疡者多食西瓜,会使口腔溃疡复原所需要的水分被过多排出,从而加重阴虚和内热,导致患者愈合时间延长。

(5)感冒初期患者 西瓜性寒凉,感冒初期吃太多西瓜,很可能让寒气加重,导致病情恶化。如果已经确认是风热感冒,并伴有高热、口渴等内热症状的出现,这时可以吃少量西瓜,帮助清热解毒。

(6)体虚胃寒、大便稀溏、消化不良者 多吃西瓜会出现腹胀、腹泻、食欲下降等症状。

西瓜性寒味甜,可清热解暑、降血压利尿,但不可过食或冷冻即食。

16. 吃菠萝会使人过敏吗?

菠萝中含有丰富的碳水化合物、脂肪、蛋白质、维生素,以及钙、磷、铁、胡萝卜素、烟酸、抗坏血酸等多种营养成分,不但香甜嫩脆,美味可口,且能补益脾胃,生津和胃,是人们的主要水果之一。但若食之不当,容易使人患菠萝过敏症,严重的还会引起中毒。菠萝中含有3种会引起过敏反应的物质。一是含苷类。苷类是一种有机物,对人的皮肤、口腔黏膜有一定刺激性,如果吃了未经处理的菠萝后口腔会觉得发痒。二是含蛋白酶。菠萝蛋白酶是一种蛋白质水解酶,有很强的分解纤维蛋白和血凝块的作用。有的人对这种蛋白酶有过敏反应,吃后 15 分钟至 2 小时会发病,出现腹部阵发性绞痛、恶心、呕吐、皮肤潮红发痒、荨麻疹、四肢及口唇发麻、头痛等症状,严重的还会发生呼吸困难及休克。三是含 5-羟色胺。5-羟色胺是一种含氨的有机物,可以使血管强烈收缩和使血压升高,所以菠萝吃多时的直接反应就是头痛。

防止菠萝过敏的方法:把菠萝削皮、挖净果丁后,切成片或块,放在沸水里煮一下再吃;也可以把菠萝块放在盐水中(盐的咸度可保持一般烧菜的程度),浸泡 30 分钟,然后再用凉开水洗去咸味,也可起到相同作用。

17. 吃杧果会发生过敏吗?

杧果是著名热带水果之一,因其果肉细腻、风味独特,深受人们喜爱,素有"热带果王"的美誉。杧果含胡萝卜素成分特别高,是所有水果中较为少见的。杧果树属于漆树科,果中含有果酸,不完全成熟的杧果中还有醛酸等,会对皮肤黏膜产生刺激从而引起过敏。杧果过敏者在食用或接触杧果后会引起"杧果皮炎",其症状是嘴边出现红、肿、痒,甚至是起小皮疹,或嘴唇发麻、喉咙痒;症状比较严重者嘴唇、口周、耳朵、颈部出现大片红斑,甚至有轻微水肿,还伴有腹痛、腹泻等。"杧果皮炎"与杧果的品种及成熟度有关。对漆树过敏者应慎食杧果。

18. 怎样挑选柚子?

(1)掂 同样大小的柚子,手感越重越好。

(2)看 柚子表皮的毛孔越细越好;好柚子一般是上尖下宽形,表皮薄而光润,呈淡绿色或淡黄色。

(3)闻 好柚子散发出芳香气味。

(4)叩 按压叩打柚子外皮,若下陷无弹性,则柚子质量较差。

19. 怎样挑选榴莲？

榴莲营养价值极高，经常食用可以强身健体、健脾补气、补肾壮阳、温暖身体。榴莲性热，可以活血散寒、缓解痛经，特别适合受痛经困扰的女性食用。此外，榴莲还能改善腹部寒凉的症状，可以促进体温上升，是寒性体质者的理想补品。购买时，要挑选果形丰满、外壳较薄、香味浓郁、外壳稍微开裂、黄中带绿者。成熟的榴莲往往尖端发软，捏一下相邻的两个头可以碰到一起。

20. 怎样健康食用香蕉？

(1)未熟香蕉不能吃 成熟的香蕉能够起到润肠通便的作用。香蕉未成熟时，外皮呈青绿色，口感涩，这是含有大量鞣酸的缘故，鞣酸具有很强的收敛作用，可以将粪便结成干硬的粪便，从而造成便秘。所以，这种香蕉不能吃。

(2)心情不好可以吃 各种情绪的产生与当时大脑某些物质浓度的高低有直接关系。香蕉含有一种能帮助大脑产生5-羟色胺的物质，这种物质不但能促使人的心情变得愉悦和安宁，甚至可以减轻疼痛，又能使引起人们情绪不佳的激素大大减少。因此，狂躁和抑郁症患者以及心情不好的人应多吃些香蕉。

(3)司机不可空腹吃 香蕉含糖量高达20%，是补充糖类、消除疲劳的理想食物。但香蕉中含有大量的镁，多食可使血中的镁含量大幅度增加，对人的心血管系统产生抑制作用，可引起明显的感觉麻木、肌肉麻痹，出现嗜睡乏力的症状，这时开车就容易发生交通事故。

(4)不可多吃 香蕉中含有较多的镁、钾等矿物质元素，虽然是人体健康所必需的，但若在短时间内摄入过多，会引起血液中镁、钾含量急剧增加，造成体内钾、钠、钙、镁等元素的比例失调，对人的心血管等系统产生抑制作用,出现明显的感觉麻木、肌肉麻痹、嗜睡乏力等现象,严重者心脏传导阻滞、心律失常等。此外,多吃香蕉还会因胃酸分泌大大减少而引起胃肠功能紊乱和情绪波动过大。

一般人群均可食用香蕉,尤其适合口干、烦躁、咽干喉痛者,大便干燥、痔疮、大便带血者,上消化道溃疡者,饮酒过量而宿醉未解者,高血压、冠心病、动脉硬化者。

21. 贪吃荔枝会引发低血糖吗?

荔枝味道清香、营养丰富,具有生津益血、健脾止泻、温中理气的功效,特别适用于年老体弱多病之人及产后血虚的女性食用。然而,中医学认为荔枝属湿热之品,民间有"一颗荔枝三把火"之说。所以,荔枝不能多吃,特别是儿童,更不宜大量食用,否则很可能会患上荔枝病。

荔枝病的实质是一种"低糖血症"。荔枝中大量果糖经胃肠道黏膜的毛细血管吸收入血液后,分解果糖的转化酶就会供不应求,使大量果糖充斥在血管内不能转化为可被人体利用的葡萄糖。与此同时,进食荔枝过量还会影响食欲,导致人体血液内的葡萄糖不足,造成低血糖。

过食荔枝发生低血糖时,应及时治疗。如仅出现头晕、乏力、出虚汗等轻度症状时,可服葡萄糖水或白糖水,以纠正低血糖;如果出现抽搐、虚脱或休克等重症者,应及时送医院治疗,静脉推注或点滴高浓度葡萄糖,可迅速缓解症状。

22. 怎样快速剥石榴?

在石榴的顶端横切一刀,去顶,用刀顺着石榴的白筋在外皮上划几刀,刀口不要太深,划开就行。用刀尖轻轻把中间白色部分的内心划断,抽掉中间的白心,轻轻一掰,石榴就"开花"了,这时候,很容易就能取出石榴籽了。

23. 木瓜怎么吃好?

鲜木瓜中,富含β-胡萝卜素、B族维生素和维生素C,但熟食,这些营养成分几乎全部被破坏,失去保健作用。木瓜蛋白酶具有助消化、清理肠胃的作用。这种蛋白酶在未成熟的青木瓜中含量最高,大约是成熟后红木瓜的2倍,它可以消灭人体内某些细菌和蛔虫。但高温加热会使其失去活性,丧失杀菌和杀虫的作用。另外,木瓜中富含齐墩果酸,它具有护肝降酶、降血脂等功效,还能治疗急性细菌性痢疾,对伤寒、痢疾杆菌和金黄色葡萄球菌、癌细胞有较强的抑制作用。煮熟后,这种成分的含量也会大大下降。因此,木瓜以生吃为好。

24. 怎样清洗草莓?

草莓在种植过程中,经常使用农药。这些农药、肥料以及病菌等,很容易附着在草莓粗糙的表面上,清洗不干净,很可能引发腹泻,甚至农药中毒。

清洗草莓时,用流动的自来水不断冲洗可避免农药渗入果实中。洗干净的草莓也不要马上吃,最好再用淡盐水或淘米水浸泡5分钟。淡盐水可以杀灭草莓表面残留的有害微生物;淘米水呈弱酸性,可促进呈碱性农药的降解。洗草莓时,注意不要把草莓蒂摘掉,去蒂的草莓放在水中浸泡,残留的农药会随水进入果实内部,造成更严重的污染。另外,也不要用洗涤灵等清洁剂浸泡草莓,这些物质很难清洗干净,容易残留在果实表面,造成二次污染。

25. 杨梅在食用前应怎样处理？

由于杨梅的养分很高，且无较硬的外皮，所以容易被虫蛀，尤其是麦蛾科鳞翅目的昆虫在杨梅还没成熟时，就生长在杨梅的果肉内。这种虫子肉眼看不到，只能用盐水浸泡把虫子逼出来。杨梅切忌放在冰箱内，因为低温会导致虫子死亡，死亡的虫子即使用盐水浸泡也无济于事，而是应尽早放在较高浓度的盐水中浸泡5～10分钟，用清水冲洗后再食用。

26. 桑葚为什么不能多吃？

桑葚中含有大量的胰蛋白酶抑制物质，可抑制肠道内的多种消化酶，致使肠道的消化酶不能破坏 C 型产气荚膜杆菌 B 毒素而引起出血性肠炎。大量进食桑葚后会出现面色青灰、口唇干燥、皮疹、喉咽肿胀、胸闷烦躁、恶心、呕吐、腹痛、腹泻、腹胀、大便呈果酱样、四肢发凉等症状，严重时因出血性肠炎导致血压下降、脱水、休克，危及生命。因此，一定要限制桑葚的进食量。如吃桑葚后出现剧烈腹痛、腹泻，特别是有血性便者，要及时到医院诊治。

27. 吃变质甘蔗会中毒吗？

甘蔗发霉主要是在收割以后，因储存时间较长，特别是越冬出售，由于储存、运输不当，造成霉菌生长，尤其是未完全成熟的甘蔗，含糖量低，更容易变质。霉变甘蔗中的致病微生物是一种名叫节菱孢霉的真菌，它能产生一种强烈的嗜神经毒素，主要损害中枢神经系统。

霉变甘蔗中毒发病急，潜伏期最短的只有十几分钟，长的 10 余小时。中毒症状最初为呕吐、头晕、视力模糊，进而眼球偏侧凝视、阵发性抽搐，抽搐时四肢强直、大小便失禁。每日发作多次，最后昏迷,出现呼吸衰竭而死亡。幸存者留有神经系统受到损害的后遗症,终生丧失生活能力。

新鲜甘蔗质地坚硬,肉质清白,味甘甜,有清香味。霉变的甘蔗外皮无光泽,质地较软,瓤部颜色略深,呈浅棕色,有暗灰色斑点,闻之有发霉味或酒糟味。

28. 不同品种的枣营养功效有哪些不同?

(1)沙枣 呈长圆形,熟时为栗褐色,性味酸、甘、凉,有健脾止泻之功。消化不良、胃痛,肠炎、腹泻时可用沙枣水煎服饮。

(2)酸枣 也称山枣,较小,味酸,性平,无毒。《本草纲目》载:"主治心腹寒热,邪结气聚,四肢酸痛湿痹。久服,安五脏,轻身延年"。

(3)海枣 又称椰枣、波斯枣、番枣、伊拉克蜜枣。《本草纲目》载:"味甘,性温,无毒。"主治补中益气,除痰嗽,补虚损,好颜色,令人肥健。消食止咳,治虚羸,悦人,久服无损。

(4)大枣 营养价值极为丰富,可谓是"百果之首",其维生素含量最高,故称"活维生素丸"。民谚有云"一日食三枣,郎中不用找"。大枣因其能"养胃健脾,益气壮神",适用于治疗脾胃虚弱、气血不足、肺虚咳嗽、四肢无力等症。另外,枣能气血双补,而且含有丰富的铁元素。对于女性来说,常喝红枣水对于经血过多而引起贫血的女性可起到改善面色苍白和手脚冰冷的补益功效。

(5)冬枣 营养极为丰富,富含人体所需的多种氨基酸和多种维生素。可补益脾胃、滋养阴血、养心安神、解毒保肝。常食冬枣能增加肌力,调和气血,健体美容和抗衰老。

(6)黑枣 又名乌枣,富含蛋白质、碳水化合物、黏液质、有机酸、胡萝卜素及维生素 B_1、维生素 B_2、维生素 C、维生素 P 等。常食可提高免疫力,抑制癌细胞生长,降低血清胆固醇,提高血清蛋白,保护肝脏。但黑枣含有鞣质较多,有很强的收敛作用,不宜空腹食用,一次不宜多食。

29. 怎样识别用硫黄熏制的干枣?

(1)看外表 硫黄熏制的红枣表皮可以看到一层光泽,如同上了蜡一样。硫黄熏制的红枣"红"且"鲜",颜色较一致。没有熏制的红枣呈暗红色,颜色有深有浅。

(2)看里层 购买时可先咬开几粒尝一尝或闻一闻,硫黄熏制的红枣肉体偏白,味道有点发酸且有刺鼻的气味。

30. 哪些人不宜过多食用鲜枣?

(1)腹部胀气者 鲜枣进食过多会引起胀气,腹胀气滞者和有腹胀现象的孕妇,均属于忌服人群。

(2)经期女性 鲜枣性温,体热者不可多吃。同时,体质燥热的女性,也不适合在经期服食鲜枣,因为这极可能会引起经血过多而伤害身体健康。

(3)胃病患者 鲜枣表皮坚硬,极难消化,吃时一定要充分咀嚼,否则会加重胃肠道的负担,也影响营养物质的吸收。急慢性胃炎、胃溃疡患者吃鲜枣时一定要将皮去掉,否则容易损伤胃黏膜。鲜枣味甘甜,会刺激胃酸分泌,所以胃酸过多、经常反酸者不宜食用。

(4)糖尿病患者 鲜枣的糖分较多,含糖量超过 20%,糖尿病患者如果不加节制过量进食,就会损害胰岛功能,引起血糖和尿糖迅速上升,加重病情。

(5)儿童 儿童各个脏器功能还较弱,鲜枣进食过多,易伤脾。

31. 怎样食用山楂对身体好?

食用过多有害无益。山楂食用过多会伤人中气,因为山楂含有大量的维生素 C 和果酸等成分。从食物药性来看,山楂味酸甘。古代医书中就有记载:"山楂破气,不宜多食。多食耗气,损齿。"山楂是破气去积滞之品,平素脾胃虚弱或正服食人参等补气药的人不宜食用。儿童处在换牙时期,如经常大量食用,对牙齿的生长不利,而且影响食欲。怀孕早期孕妇多食山楂会导致流产。

32. 怎样根据病症选择水果?

(1)糖尿病患者 宜适当吃些含果胶较多的菠萝、杨梅、樱桃等水果,能改善胰岛素分泌,具有降血糖作用;但应忌食荔枝、梨、柠檬等含糖量较多的水果。

(2)肝炎病患者 宜吃苹果、红枣、香蕉、梨、橘子等富含维生素 C 的水果,有保护肝脏的作用,可促进肝细胞再生。

(3)急性肾炎患者 肾功能差难以排钾,因此一般要选择苹果、梨、龙眼、红枣、石榴、柚子等低钾水果,如有肾功能不良或水肿而需要忌盐者不宜吃香蕉,因为香蕉中含有较多的钠盐,会加重水肿,增加心脏和肾脏负担。杨桃也不适合肾病患者吃,因为它包含一种影响神经传导的物质,肾脏功能欠佳者食用后,可能导致神经失调如昏迷等。此外,无花果也忌食。

(4)胃病患者及胃酸过多者 李子、山楂、柠檬等刺激味儿较强的水果不宜食用,因其酸味很强,会刺激胃肠,并损伤胃黏膜,使得胃病患者雪上加霜,加重病情。而红枣、栗子、葡萄、菠萝、香蕉等水果,具有生津和胃、健胃消食、养胃健脾等作用,对于胃病患者有着良好的辅助治疗作用。

(5)腹泻患者 不宜吃香蕉、梨子、西瓜等有通便作用或者性寒的水果,因为这些水果会使腹泻症状加重。宜食苹果、荔枝、石榴等水果。

(6)呼吸道感染病患者 尤其是伴有咽痛、咳嗽、痰多的病人,宜多吃苹果、梨、枇杷、柚子、杏、罗汉果等利于化痰、润肺、止咳的水果。如哮喘病患者,不宜吃性热的红枣,容易让人生痰,咳嗽加重。

(7)心肌梗死、中风患者 宜吃苹果、西瓜、香蕉、橘子、桃等帮助消化的水果;不宜吃柿子等水果,因其含鞣酸,会使病情加重。

(8)高血压、动脉硬化病患者 宜吃苹果、山楂、红枣、猕猴桃和橘子等富含维生素 C、有降压、缓解血管硬化作用的水果。

(9)心力衰竭、水肿严重病患者 宜吃苹果;不宜吃含水分较多的西瓜、梨、菠萝等水果,因大量水分会使心力衰竭、水肿病情加重。

(10)贫血病患者 宜食红枣、龙眼、柠檬、杨梅等含铁较多的水果,不宜吃橙子、柿子等含鞣酸较多的水果,因其容易与铁质结合,阻碍对其他食物中铁质的吸收。

(11)发热患者 宜吃具有生津止渴、解热散毒功效的梨、柑橘等水果。因发热病人出汗多,梨、橘子等含有充分的水分和钾,对发热病人更有益。

(12)冠心病、高血脂患者 宜吃富含维生素 C 和烟酸的柑橘、柚子、山楂、桃、草莓等水果,具有降低血脂和胆固醇的作用。少吃榴莲、鳄梨和椰子。

(13)全身无力、骨骼及毛细管脆弱、牙龈出血、伤口不易愈合者 宜多吃含维生素 C 的红枣、山楂、广柑、柚子、柠檬、荔枝等水果。

(14)便秘者 宜吃香蕉、梨、桃、橘子,忌食山楂等。

33. 糖尿病患者吃水果应注意哪些事项?

(1)选准时机 当血糖控制比较理想,即空腹血糖 7.8 毫摩/升以下,餐后 2 小时血糖 10 毫摩/升以下,糖化血红蛋白 7.5%以下,没有经常出现高血糖或低血糖,就满足享受水果的先决条件了。

(2)选准时间 水果一般在 2 次正餐中间(如上午 10 时或下午 3 时)或睡前 1 小时吃,这样可避免一次摄入过多的碳水化合物而使胰腺负担过重。一般不提倡在餐前或餐后立即吃水果。

(3)选对种类 各种水果中碳水化合物含量为 6%～20%。应选择含糖量相对较低及升高血糖速度较慢的水果。后者对不同的糖尿病人可能有一定的差异,可根据自身的实践经验做出选择。香蕉、红枣、荔枝、菠萝、葡萄等含糖量较高,糖尿病人不宜食用。

(4)控制数量 根据水果对血糖的影响,每天可食用 200 克左右的水果,同时应减少 25 克的主食,以使每日摄入的总热量保持不变。

34. 孕妇应怎样吃水果?

从中医学角度来说,妇女妊娠后,体质一般偏热,阴血往往不足。此时,一些热性的水果如荔枝、龙眼等应适量食用,否则容易出现便秘、口舌生疮等"上火"症状,尤其是有先兆流产的孕妇更应谨慎,因为热性水果更易引起胎动不安。部分孕妇脾胃虚寒,面色苍白无华,对于梨、西瓜、香瓜、柚子之类的寒凉性水果应少量食用。西瓜、菠萝、香蕉、柿子、葡萄等水果含糖量较高,肥胖、有糖尿病家族史的孕妇也应少吃为妙,以免摄入过多糖分。此外,山楂活血化瘀通经,对子宫有一定的收缩作用,在妊娠早期应少量食用,有流产史或有流产征兆的孕妇忌吃。

35. 吃水果可以减肥吗?

有些人尤其爱美的女性,在夏天常常用水果代替三餐,认为"一天三顿只吃水果,瘦身养颜一举两得"。其实,这是错误的。专家指出,吃水果应适度。从营养学角度来说,人体基本的营养需求——碳水化合物、脂肪、矿物质、蛋白质等,不是单靠吃水果能够满足的。长期只吃水果,对人体的内分泌系统、消化系统、免疫系统等都将产生不良影响;而且大部分水果中糖分较高,大量摄入,难以获得减脂效果。所以,水果只是营养的补充,绝对不能代替正常饮食。

36. 哪些水果不宜空腹吃?

(1)番茄 番茄中含有大量的果胶、柿胶酚、可溶性收敛剂等成分,容易与胃酸发生反应,凝结成不易溶解的块状物。这些硬块可将胃的出口幽门堵塞,使胃里的压力升高,造成急性胃扩张而使人感到胃胀痛。

(2)柿子 空腹时胃中含有大量胃酸,它易与柿子中所含的鞣酸等反应生成胃柿石症,会引起胃黏膜充血、水肿、糜烂、溃疡,严重者可引起胃穿孔。

(3)橘子 橘子果肉中含有一定的有机酸,空腹食用会对胃黏膜产生刺激而引起不适,导致胃酸增加,使脾胃满闷、泛酸。

(4)黑枣 黑枣中含有大量果胶和鞣酸,易和人体内胃酸结合,出现胃内硬块,特别不能在睡前过多食用。患有慢性胃肠疾病的人最好也不要食用。

(5)香蕉 其中含有大量的镁元素,空腹大量食用会使血液中含镁量骤然升高,造成人体血液内镁、钙的比例失调,对心血管产生抑制作用,不利于身体健康。

(6)荔枝 荔枝含糖量很高,空腹食用会刺激胃黏膜,导致胃痛、胃胀,而且过量食用会因体内突然渗入过量高糖分而发生"高渗性昏迷"。

(7)山楂 其中的有机酸具有行气消食作用,空腹食用,不仅耗气,而且会增强饥饿感并加重胃病。

(8)菠萝 内含的蛋白分解酵素相当强,空腹食用,很容易造成胃壁受伤。

37. 柿饼上的白霜是怎样形成的?

通常买回来的柿饼有白色的粉末附着在表面上,有人怕脏,就将上面的白霜洗掉再吃。其实,这种做法不科学。

新鲜的柿子中含有大量水分和葡萄糖、果糖等,在晒制过程中,水分逐渐蒸发,葡萄糖和果糖渗透到表皮。这两种糖的性质不一样,果糖味甜,易吸收水分,当它渗透到柿饼的表面后,可吸收空气中的水分,黏附在柿饼的表皮上,类似蜜饯外面的糖浆;而葡萄糖不易吸收空气水分,它渗透到柿饼的表皮后,形成白色的粉末,恰好把黏附的果糖包住。柿霜味甘,性凉,入心、肺经,可清热、润燥、化痰。临床常用于肺热燥咳、咽干喉痛、口舌生疮、吐血、咯血、痔疮出血、消渴等。津亏便秘、痔疮出血者长期服用,也有较好的疗效,对老年人尤为适宜。所以,吃柿饼时不要洗去白霜。

目前,市场上销售的柿饼几乎都上了一层好看的白霜,特别能引起消费者的购买欲。事实上天然上霜的柿饼其实只占一小部分,其中多半都是人为添加的。这些人工"打粉"的白霜(钛白粉)主要成分是二氧化钛,虽然人体对食品用钛白粉不吸收、不积累,对人体无毒副作用,无致癌危险,但同时也失去了自然形成的白霜的保健功效。

所以,在选购时应注意加以区分。通常经过人工"打粉"的柿饼柿霜层松散、容易脱落、黏手;而自然上霜的柿饼结霜层则不易脱落,不同个体上霜的程度也各有差别。

38. 坚果怎样去皮?

(1)干蚕豆 把干蚕豆放入陶瓷或搪瓷器皿内,加入适量的碱,再倒入沸水焖15分钟。蚕豆泡软后,剥皮会很容易,但剥出的豆瓣要用水冲洗。

(2)核桃仁 把核桃仁放在沸水中烫4分钟,取出后用手轻轻捻一捻,皮很快就剥下来了。

(3)核桃 将核桃放在蒸笼内用大火蒸8分钟,取出放入冷水中泡3分钟,捞出逐个破壳就能取出整个果仁。

39. 怎样选购糖炒栗子?

购买时需要看和尝。剥开后栗子肉呈金黄色,吃起来味道又香又甜。糖炒栗子外观圆润光泽,但如果过了很久栗子外表依然油光锃亮,这可能在炒制的过程中添加了化学物质,使其看上去更有食欲,这样的栗子不宜选购。

糖炒栗子好吃,是因为它特有的香甜可口的味道。但是,从食品安全角度讲,炒栗子的"糖"经过反复的高温加热,会产生对人体健康有害的物质。更为严重的是,目前一些利欲熏心的小商小贩为了使栗子的外观更好、成本更低,竟然用石蜡代替糖来炒,对消费者的身体健康造成一定危害。因此,应到信誉度好、质量可靠的摊位去购买,切勿贪图便宜,随意购买。

40. 怎样剥去栗子壳?

(1)热水浸泡法 将生栗子洗净后放入器皿中,加精盐少许,加入沸水,盖锅盖焖5分钟。之后,取出栗子切开,栗皮即随栗子壳一起脱落。

(2)筷子搅拌法 将栗子一切两瓣,去壳后放入盆内,加沸水浸泡一会儿后,用筷子搅拌,栗子的皮就会与栗肉脱离。浸泡时间不宜过长,以减少营养成分损失。

(3)冰箱冷冻法 栗子煮熟后,将其降至室温,然后放入冰箱内冷冻2小时,可使其壳肉分离。此法不但速度快,而且可使栗子肉保持完整。

(4)微波炉加热法 用剪刀把生栗子外壳剪开,放在微波炉中高温加热 30 秒钟,里面一层衣和肉即会自动脱离。需要注意的是,应用此方法去栗衣前,一定要将其外壳剪开,否则可能会引起微波炉爆炸。

(5)热胀冷缩法 用刀把栗子的外壳剥除,放入沸水中煮 3～5 分钟,捞出后立即放入冷水中浸泡 3～5 分钟,然后捞出,即可轻松剥去栗衣,且味道丝毫不变。

(6)暖气加热法 将生栗子用保鲜膜包好放在暖气片上,过一会儿暖气的热度就会使栗子"张嘴"。把这样的栗子去掉外壳,再用水煮,水沸后捞出,用自来水冷却一下,就可用小刀轻松刮去栗衣。

(7)日光暴晒法 将生栗子放置在阳光下暴晒 1 天,栗子壳即会开裂。

41. 怎样吃核桃?

(1)用食盐炒 老年或体弱者如患有夜尿过频,可先将核桃肉放入锅内用食盐微炒,然后加莲子煎汤,睡前服用。中医学认为,咸能入肾,加盐略炒,能增强核桃的补肾作用,有利于夜尿症的治疗。

(2)连皮食用 古人经验认为服用核桃肉,如果是养血则需去皮,若是用于止喘则需留皮,其薄皮虽有涩味,但敛肺定喘之力较好,应连皮服用,为减轻涩味,可配少许红砂糖或红枣同服。

(3)捣碎冲服 核桃肉含有丰富的健脑物质不饱和脂肪酸等,食用前加冰糖捣成核桃泥,用沸水冲泡食用有较好的补脑效果,同时也有利于吸收。

42. 花生怎么吃有益健康?

花生营养丰富,含有多种维生素、卵磷脂、蛋白质、棕榈酸等。

花生的吃法多,味道香。油煎、炸和爆炒对花生中富含的维生素E等营养成分破坏大,且使花生甘平之性变为燥热之性,食后极易生热上火。水煮花生则食性不温不火、易于消化、性味平和,较好地保留花生中原有的植物活性化合物,如植物固醇、皂角苷、白藜芦醇、抗氧化剂等,对防止营养不良,预防糖尿病、心血管病、肥胖等具有显著作用。研究证实,水煮花生中含预防疾病的化学物质比鲜花生、干花生和烘烤花生高4倍以上,符合清淡的健康饮食理念。

43. 哪些人不宜吃花生?

(1)高脂血症患者 花生含有大量脂肪,高脂血症患者食用花生后,会使血液中的脂质水平升高,为动脉硬化、高血压、冠心病等疾病埋下隐患。

(2)胆囊切除者 花生里含的脂肪需要胆汁去消化。胆囊切除后,储存胆汁的功能丧失。这类病人如果食用花生,没有大量的胆汁来帮助消化,常可引起消化不良。

(3)消化不良者 花生含有大量脂肪,肠炎、痢疾等胃肠功能不良者食用后,会加重病情。

(4)跌打瘀肿者 花生中含有一种促凝血因子。跌打损伤、血脉淤滞者食用花生后,会使血瘀不散,加重肿痛症状。

44. 花生芽有益健康吗?

花生芽外形酷似豆芽,洁白如玉,外观有"珠圆玉润"之感,比豆芽营养更好、口味更佳。花生芽含一种花生仁里少有的物质白藜芦醇,它具有抑制癌细胞、降血脂、防治心血管疾病、延缓衰老等作用,保健价值很高。发芽后,花生中的蛋白质水解为氨基酸,易于人体吸收;发芽后脂肪被转化为热量,脂肪含量大大降低,肥胖人士也可以放心食用;花生芽富含维生素、钾、钙、铁、锌等矿物质及人体所需的各种氨基酸和微量元素,被誉为"万寿果芽"。

45. 如何选购开心果?

很多消费者认为纯白色的开心果就是好的,其实不然。天然开口的开心果外壳是浅棕色的,白得无瑕疵的开心果实际上是被"化了妆"的。

开心果在我国只有少量种植,市场上流通的开心果大多是从伊朗和美国进口的。一些企业为了盈利,选择非常便宜的落在地上未成熟的开心果,然后将其进行加工,使其开口。由于落地开心果外壳色泽很不均匀,不法加工企业为了外观好,就用含重金属以及铅、砷等有毒物质的工业用过氧化氢对开心果进行漂白,质量良莠不齐的开心果经过这样的处理后就会大受欢迎。食用经工业用过氧化氢浸泡过的食品,不但会刺激人体的消化道,还存在致癌、致畸和引发基因突变的潜在危险。所以,选购开心果时不要贪图颜色好看,应尽量选择颜色接近本色的开心果。

46. 哪些人不宜吃坚果?

(1)腹泻者、消化道急性感染者及脂肪消化不良者 坚果富含大量膳食纤维和油脂,有较强的"滑肠"作用。因此,凡是正在发生腹泻的人、消化道急性感染者,以及脂肪消化不良者,均应暂时避免吃坚果。

(2)咽喉炎、口腔溃疡患者 坚果通常的烹调方法是烤和炒,甚至是油炸,并撒上盐,容易引起口腔和咽喉的干燥感。故而咽喉炎、口腔溃疡等患者应当尽量少吃或不吃烤制、炒制、炸制的坚果,可以考虑吃生的或煮熟的坚果。

(3)幼儿 由于坚果呈大颗粒状,不易一下嚼碎,幼儿食用时有可能因为呛咳、说笑等滑入器官,引起严重安全事故。故而学龄前儿童吃坚果类食品应有大人照顾,特别是 3 岁以下幼儿吞咽控制能力尚未发育成熟,最好将坚果切碎食用,以免发生危险。

(4)体质过敏者 有些人对坚果有过敏反应,会产生皮肤瘙痒、咽喉水肿等反应,严重者可能致命。凡这类患者应严禁食用相应的坚果。

坚果仁的每日适宜食用量是 25 克左右,大约相当于一只手能握住的量。少量食用有益,大量食用可致肥胖。

47. 哪些坚果不能食用?

(1)变质坚果 坚果中含有大量不饱和脂肪酸,储存不当或长时间存放会产生酸败现象。一方面使其味道变劣,产生刺喉的辛辣味;另一方面,酸败的产物,如小分子的醛类、酮类等也对身体健康有害。如果食用量大,轻者会引起腹泻,严重者还可能造成肝脏疾病。

(2)炒焦坚果 坚果中含有大量的脂肪、蛋白质、碳水化合物,普通的加热不足以破坏它们,但当坚果被炒焦时,就会使原本对身体有益的营养素转化为致癌的苯并芘、杂环胺、丙烯酰胺等物质。

(3)石蜡美容过的坚果 加工坚果时加些石蜡,会使其更加鲜亮、外观更好,而且不容易变潮变软。另外,有些商贩还会在积压已久、颜色暗淡的坚果中加入石蜡,经过美容,以次充好。更有甚者使用的是含有重金属等杂质的工业石蜡,会危害身体健康。

(4)口味过重坚果 许多口味重、香味浓的坚果,多在加工时添加了食盐添加剂、香精、糖精等物质,这些物质可能会对身体健康造成危害。其次,口味越重的坚果,其美味背后隐藏着变质坚果的可能性就越大。

(5)杂质过多的坚果 目前,市场上不乏原料中灰尘杂质多、销售时毫无遮盖的产品。因此,购买时应仔细看看,尽量选购摊位整洁、无粉尘等杂质的坚果。

48. 怎样辨别巧克力的质量？

(1)看标签 巧克力中对人体健康有益的主要成分是可可,可可原浆含量越高越好。若其原料含量超过 50%,一般包装的正面上就会有大字注明。如果配料中有代可可脂,因其含有大量高度饱和的脂肪,尤其是部分氢化方法制成的代可可脂甚至可能含有反式脂肪酸,对人体健康不利,所以代可可脂含量较高的不建议选购。

(2)看外观 质量好的巧克力,外形整齐,表面光亮、平滑,断面均匀,无气泡和肉眼可见杂质。用手掰开时,又脆又硬,从任何一个剖面看,其色泽都均匀一致,有光泽。纯味巧克力呈棕褐色;顶级的纯巧克力与可可豆的颜色相同,呈红褐色;牛奶巧克力颜色浅些,呈金褐色;白巧克力一般呈奶黄色。劣质巧克力光泽度差或无光泽,外观非常粗糙,有的甚至出现开裂现象。

(3)闻气味 打开包装,质量好的巧克力即可闻到可可特有的香气,气味越浓郁、纯正,质量越好;而质量较差的巧克力大多香味强烈。

(4)尝口感 从天然可可豆中提炼的纯可可脂,它的溶点和人体体温相近,因此质量好的巧克力口感纯正、细腻、润滑,含在嘴里很快就会变成细滑的液体;而质量差的巧克力口感粗糙或偏硬,颗粒感明显,较难溶于口中,这主要是使用代可可脂取代纯可可脂的缘故。

49. 巧克力越黑营养越高吗？

黑巧克力之所以有益,是因为其中的可可粉含有一种名叫"黄烷醇"的苦味物质,它是一种卓越的抗氧化剂,具有预防心脏病和抗癌作用,在红葡萄酒、水果、蔬菜以及茶叶中都含有这种物质。其抗氧化力是牛奶巧克力的 3 倍、红茶的 4 倍。越黑的巧克力,抗氧化剂的成分就越多,不过就是口感上有些苦罢了。但是,现在不少巧克力制造商为了制造更"美味"的巧克力,把当中的苦涩味剔除了,这样就等于失去了对健康有益的黄烷醇。因此,在选择黑巧克力时,宜选择带有苦味的。

50. 食用巧克力有哪些禁忌?

①儿童不宜吃巧克力。巧克力中含有使神经系统兴奋的物质,会使儿童不易入睡和哭闹不安。

②糖尿病患者应少吃或不吃巧克力,但可吃无糖巧克力。

③有心口痛的人要忌食巧克力,特别是吃了巧克力后心口感到灼热的要停止食用。这是因为巧克力含有一种能刺激胃酸的物质。

④女性在经期食用过多的巧克力,会加重经期烦躁和乳房疼痛。

⑤哺乳产妇如果过多食用巧克力,对婴儿的发育会产生不良的影响。因为巧克力所含的可可碱,会渗入母乳内被婴儿吸收,并在婴儿体内蓄积。可可碱能损伤神经系统和心脏,并使肌肉松弛,排尿量增加,使婴儿消化不良、睡眠不稳、哭闹不停。

⑥牛奶与巧克力不能同食。巧克力中的草酸会与牛奶中的钙结合成草酸钙,使钙无法被充分利用。

⑦适量食用。巧克力中含有较多的脂肪、糖分和热量,过量食用对健康不利。

豆制品篇

1. 豆制品常见的质量问题有哪些?

(1)细菌总数及大肠菌群超标 豆制品中蛋白质含量高,极易被细菌污染,因此要妥善保存、尽快食用。

(2)防腐剂、白矾等添加剂超标 苯甲酸是一种防腐剂,国家规定豆制品中不允许添加苯甲酸。白矾(硫酸铝钾)中含铝,长期超量食用会降低智力、记忆力。

(3)非法添加化学物质 如吊白块,为国家明令禁止在豆制品中使用的化工原料。食用吊白块后会引起胃痛、呕吐、呼吸困难等,对肾脏有损害。

因此,应在信誉好的店铺购买。

2. 怎样鉴别豆腐的质量?

(1)看 合格豆腐呈均匀的乳白色或淡黄色,稍有光泽;劣质豆腐呈深灰色、深黄色或红褐色。

(2)摸 合格豆腐块形完整,软硬适度,富有一定的弹性,质地细嫩,结构均匀,无杂质;劣质豆腐块形不完整,组织结构粗糙而松散,易碎,无弹性,有杂质,表面发黏。

(3)闻 合格豆腐具有豆腐特有的香味;劣质豆腐有豆腥味、馊味等不良气味。

(4)尝 合格豆腐口感细腻鲜嫩、味道纯正、清香;劣质豆腐有酸味、苦味、涩味及其他不良滋味。

3. 怎样辨别豆腐皮的质量？

豆腐皮是半脱水豆制品,其含水量低于豆腐,东北地区称之为"干豆腐",而南方则称其为"百页"、"千张"。质量良好的豆腐皮颜色白净或浅黄色,薄厚均匀,四角整齐,柔软有劲,质地细腻,切开处挤压不出水,有清香气味,滋味纯正,咸淡适口,无杂质和异味。若见有深黄色斑点,可能涂有黄色颜料;折叠微压,有明显压痕或断裂的,则可能掺假。如果豆腐变色、变味,说明已经变质,绝不能食用。

4. 豆腐和蜂蜜能同食吗？

豆制品和蜂蜜都是营养佳品,但这两种食品却不能同食。豆腐能清热散血,下大肠浊气。蜂蜜甘凉滑利,二物同食,易致泄泻。另外,蜂蜜含多种酶类,豆腐中又含有多种矿物质、植物蛋白质及有机酸,二者同食易产生不利于人体健康的生化反应。故食豆腐后,不宜再食蜂蜜,更不宜同食。同理,豆浆中不宜冲对蜂蜜。

5. 豆腐怎样煎不破？

煎豆腐不破的关键是动锅不动铲,另外火不宜大,也不能太小,中火最好,既能使豆腐表面迅速焦脆,又能封住豆腐中的水分保持内部的嫩滑。豆腐只有煎出焦皮后再翻面就不会粘底,所以煎的时间要掌握好,不能心急。如果没有把握,可以用铲背轻轻推一推豆腐片的边缘,如果感觉已松动,就可以翻面了。

6. 多吃豆腐对人体健康有哪些危害？哪些人不宜吃？

(1)引起消化不良 豆腐中含有极为丰富的蛋白质,过量食用,会使蛋白质在人体内蓄积,引起消化不良,出现腹胀、腹泻等不适症状。

(2)导致肾功能衰退 正常情况下,人体食入的植物蛋白质经过代谢,大部分会变成含氮废物,由肾脏排出体外。但老年人和一些肾病患者的肾功能下降,若食用过量会加重肾脏的负担,出现肾功能衰退,从而影响其身体健康。

(3)不利于生育 有研究发现,大豆及其制品中富含染料木素,少量的这种物质就可以破坏男性精子,使精子在游向卵子时"消耗殆尽",从而使男子失去生育能力;女性食用大豆和其他富含染料木素的食物,也不利于受孕。

(4)引起动脉硬化 豆腐中含有极为丰富的蛋氨酸,它进入人体后在酶的作用下可转化为半胱氨酸。而半胱氨酸会损伤人的动脉管壁的内皮细胞,使胆固醇和甘油三酯沉积于动脉壁上,引起动脉硬化。

(5)导致碘缺乏病 豆腐中含有一种叫皂角苷的物质,它不仅能预防动脉粥样硬化,而且能促进人体对碘的排泄。因此,人若长期食用豆腐,很容易引起体内碘的大量流失,易患碘缺乏病。

(6)引发痛风和血尿酸浓度增高 豆腐中含有较多的嘌呤类物质,而嘌呤代谢失常是引发痛风和血尿酸浓度增高的关键原因。因此,这两类患者应慎用。

(7)造成早熟 大豆中的异黄酮是一种植物雌激素,它的化学结构与雌激素十分相似,可以作为雌激素替代物促进成骨细胞生长。

(8)不宜与四环素类药物同食 豆腐中含有较多的钙和镁,四环素遇到钙、镁会发生反应,降低药效。

7. 吃臭豆腐有益健康吗?

臭豆腐在加工过程中经过细菌发酵,蛋白质的水解程度比较高,产生大量游离氨基酸,因此吃起来鲜味格外浓。由于其中一部分含硫氨基酸分解成硫化氢和氨,使其"闻着臭,吃着香"。臭豆腐中少量的硫化氢和氨不至于对人体产生毒害,因此无须特别担心。

臭豆腐中富含植物性乳酸菌,具有调节胃肠道功效。植物性乳酸菌在肠道中的存活率比动物性乳酸菌高。另外,发酵中还产生酵母、维生素 B_{12} 等物质,具有增进食欲、促进消化的功效,因此臭豆腐被称为中国的"素奶酪",它的营养价值甚至比奶酪还高。但由于腐乳发酵过程中会产生含硫化合物,其中嘌呤含量较高,所以心血管病、痛风、肾病及消化道溃疡患者应少吃或不吃。另外,臭豆腐中含盐量较高,故"三高"人群和老年人也不可多食。

8. 老年人食用豆豉好吗?

豆豉对于老年人好处多多。豆豉在国际上被称为"营养豆",它不仅开胃消食、祛风散寒,还能预防脑血栓。豆豉中钴的含量是小麦的 40 倍,有良好的预防冠心病的作用。同时,豆豉中还含有多种营养素,可以改善胃肠道菌群,常吃豆豉还可帮助消化、降低血压、提高肝脏解毒功能。此外,豆豉中含有的大量能溶解血栓的尿激酶,对改善大脑的血流量和防治老年性痴呆效果很好。

9. 怎样快速煮绿豆?

①将绿豆洗净并控干水分,倒入锅中,加入沸水至没过绿豆 2 厘米,大火煮沸后,改用中火,当水分快要煮干时(注意防止粘锅),加入需要量的沸水,盖上锅盖,继续煮 20 分钟,待绿豆酥烂、汤色碧绿时即可。

②将绿豆洗净,放入保温瓶中,倒入沸水盖好。3～4 小时后,绿豆粒已涨大变软,再下锅煮,很容易在较短的时间内煮烂。

③将绿豆洗净晾干,在铁(铁食品)锅中干炒 10 分钟左右,然后再煮,绿豆可很快煮烂。

④将绿豆洗净,用沸水浸泡 10 分钟。待冷却后,将绿豆放入

冰箱的冷冻室内,冷冻 4 小时,取出再煮,绿豆很快酥烂。

有些人煮绿豆时加些碱或白矾,这种做法是不可取的。

碱会严重破坏绿豆中富含的 B 族维生素和类黄酮,而白矾在水溶液中加热时能产生 SO_2、SO_3 等有害物质,破坏营养成分。

10. 怎样鉴别面筋的质量?

(1)观色泽 良质面筋,呈白色。油(炸)面筋呈黄色;次质面筋,颜色相应地变深;劣质面筋,色泽灰暗,油(炸)面筋呈深黄色或棕黄色。

(2)看状态 良质面筋,多呈圆球形,大小均匀,有弹性,质地呈蜂窝状,不粘手,无杂质;次质面筋,弹性差,黏手,大小不均匀;劣质面筋,失去弹性,黏手,有杂质。

(3)闻气味 良质面筋,具有面筋应有的气味,无其他任何异味;次质面筋,面筋固有的气味平淡,稍有异味;劣质面筋,有臭味、哈喇味(油炸面筋)或其他不良气味。

(4)品滋味 良质面筋,具有面筋固有的滋味,无其他任何异味;次质面筋,面筋固有的滋味平淡,稍有异味;劣质面筋,有酸味、苦味及其他不良滋味。

11. 怎样辨别腐竹的质量?

(1)看色泽 优质腐竹颜色不是很鲜亮,一般呈淡黄色,有光泽;次质腐竹色泽较暗淡或泛洁白、清白色,无光泽;劣质腐竹呈灰黄色、深黄色或黄褐色,色彩暗而无光泽。

(2)看外观 好的腐竹为枝条或片叶状,质脆易折,条状折断有空心,无霉斑、杂质、虫蛀。

(3)闻气味 优质腐竹具有腐竹固有的香味,无异味;劣质腐竹有霉味、酸臭味及其他异味。

(4)尝滋味 优质腐竹具有腐竹固有的鲜香滋味,次质腐竹滋味平淡,劣质腐竹有苦味、涩味或酸味等不良滋味。

12. 怎样鉴别粉条的质量?

(1)观色泽 不同原料生产出来的粉丝其颜色不同。绿豆粉丝颜色洁白光润,在阳光直射下银光闪闪,呈半透明状;蚕豆粉丝虽也洁白光润,但不如绿豆粉丝细糯、有韧性;其他杂豆粉丝外观色泽白而无光;以玉米、高粱制成的禾谷类粉丝粉条,色泽淡黄;薯类粉丝粉条色泽土黄,暗淡不透明;红薯粉丝粉条色泽土黄、暗淡;土豆粉丝微黄色;木薯粉丝灰白色;山芋粉丝淡青灰。正常粉丝、粉条的色泽略微偏黄,接近淀粉原色。

(2)看状态 组织纯洁,质地干燥,片形均匀、平直、松散,无结疤,无并条的,质量为佳;反之,质量差。

(3)闻气味 无霉味、酸味、异味,具有米粉本身新鲜味的,质量为佳;反之,质量差。

(4)加热 煮熟后不糊汤、粘条、断条,吃起来有韧性,清香爽口,色、香、味、形俱佳;反之,质量差。

(5)煮沸 加入适量的水,煮沸 30 分钟。如果粉条较软,用筷子夹起来易断,则是真粉条;如果粉条透明度好,富有弹性,入口有咬劲,不易咬断的,则是掺入塑料的粉条。

(6)燃烧 将粉条点燃,观察火焰及燃烧后的残渣。掺入塑料的粉条易点燃,燃烧时底部火焰蓝色,上部呈黄色,有轻微的塑料味,残渣呈黑长条状;加入面粉或其他低值填充物的粉条烧后易产生蛋白质燃烧的臭味和浓烟;加滑石粉的粉条或者没有用精制淀粉制作的粉条不易燃烧且残渣容易起硬团粒;加胶的粉条火焰容易产生"啪啪"的响声并伴随产生浓烟;水分超标的粉条易产生"嘶嘶"的声音。

另外,购买粉丝时应首先选择正规商场和较大的超市。注意观察包装是否结实,整齐美观,其包装上应标明厂名、厂址、产品名称、生产日期、保质期、配料等内容。

13. 为什么粉丝不能多吃?

粉丝在加工制作过程中添加了 0.5% 左右的白矾。白矾中含有较多的铝。铝对人体的毒害是多方面的,过量的铝可影响脑细胞的功能,从而影响和干扰人的意识和记忆功能,造成老年痴呆症;引起胆汁淤积性肝病;导致骨骼软化;还可引起小细胞低色素性贫血、卵巢萎缩等病症。世界卫生组织早在 1989 年就正式将铝定为食品的污染物,并要求对食品中的铝含量严加控制。据测试,每人每日允许摄入的铝量为每千克体重 1 毫克。因此,不能多吃粉丝。

14. 为什么饮酒时不宜吃凉粉?

凉粉在加工过程中要加入适量白矾,而白矾具有减缓肠胃蠕动的作用,用凉粉佐酒则会延长酒精在胃肠中的停留时间,增加人体对酒精的吸收量和酒精对胃肠的刺激,减缓血流速度,延长酒精在血液中的停留时间,促使人醉酒,危及健康。

15. 怎样鉴别掺假淀粉?

市售淀粉是将薯类中所含淀粉洗汰出来精制而成的,掺假者是掺入了薯干碾成的细粉。鉴别其真伪,可以用以下方法:

(1)辨声法 用拇指和食指捏一点粉末,往返搓捻。纯正的淀粉光滑细腻,发出"吱吱"声响;掺假淀粉则粗糙滞手。

(2)水试法 取少量淀粉,放入一杯清水中,搅拌后静置片刻。纯正淀粉很快就会沉淀,上面的水依然清澈;而掺假淀粉上面的水是浑浊的。

食用菌篇

1. 蘑菇有哪些营养价值?

蘑菇营养丰富,自古以来就被列为上等佳肴,是高蛋白质、低脂肪,富含人体必需氨基酸、矿物质、维生素和多糖等营养成分的健康食品,素有"维生素 A 宝库"之称。

(1)提高机体免疫力 蘑菇中的有效成分可增强 T 淋巴细胞功能,从而提高机体免疫力。

(2)镇痛镇静 蘑菇中含有一种具有镇痛、镇静功效的物质,其镇痛效果可代替吗啡。

(3)止咳化痰 蘑菇提取液用于动物实验,发现其具有明显的镇咳、稀化痰液作用。

(4)通便排毒 蘑菇中含有人体难以消化的粗纤维、半粗纤维和木质素,可保持肠内水分平衡,还可吸收余下的胆固醇、糖分,将其排出体外,对预防便秘、肠癌、动脉硬化、糖尿病等十分有利。

(5)降血压 蘑菇含有酪氨酸酶,对降低血压有明显效果。

(6)抗癌 蘑菇中含有超强力抗癌物质,能抑制癌细胞的生长,其作用比绿茶中的抗癌物质强 1 000 倍。此外,蘑菇中还含有一种毒蛋白,能有效阻止癌细胞的蛋白质合成。

蘑菇适于一般人群食用,尤其适宜老年人、免疫力低下者和高血压、糖尿病患者食用。但是,蘑菇性滑,便泄者慎食。

2. 怎样存放食用菌?

(1)干燥 食用菌吸水性强,不易贮存,当含水量高时容易氧化变质,发生霉变。因此,食用菌必须干燥后才能进行贮存。贮存容器内可放入适量的块状石灰或干木炭等吸湿剂,以防返潮。

(2)低温 食用菌必须在低温通风处贮存,有条件的可把装食用菌的容器密封后置于冰箱或冷库中贮存。

(3)避光 光线中的红外线会使食用菌升温,紫外线会引发光化学作用,加速变质。因此,必须避免在强光下贮存食用菌,同时也要避免用透光材料包装。

(4)密封 氧化反应是食用菌变质的必经过程,如果切断供氧则可抑制其氧化变质。可用铁罐、陶瓷缸等能密封的容器装贮食用菌,容器内应衬食品袋。要尽量少开容器口,封口时要排出衬袋内的空气,有条件的可用抽氧充氮袋装贮。

(5)单放 食用菌具有极强的吸附性,必须单独贮存。贮存食用菌的库房也不宜混贮其他物资。另外,不得用有挥发气味或有异味的容器装贮食用菌。

3. 怎样鉴别蘑菇的质量?

(1)香菇 品质总体要求是:大小基本一致,体圆,菌伞肥厚,盖面平滑,质干不碎。手捏菌柄有坚硬感,放开后菌伞随即膨松如初,其色泽黄褐,有香气,无霉变和碎屑。

(2)花菇 伞面有似菊花一样的白色裂纹,色泽黄褐而光润、菌伞厚实、边缘下卷、香气浓郁者质优。

(3)厚菇 伞顶面无花纹,浓褐色至褐色,肉厚质嫩,朵稍大,边缘破裂较多,菌伞直径大于1厘米者为佳。

(4)薄菇 以开伞少、破损少者为好。

(5)平菇 平顶,浅褐色,以片大、菌伞较厚、伞面边缘完整、破裂口较少、菌柄较短者为好。

4. 怎样泡发干香菇?

干香菇因其储存方便、口感独特深受人们的青睐。但如果泡发方法不当,会损失香菇的营养成分。

首先,用水将其表面冲洗干净,带柄的香菇可将根部除去,再放入适量温水中浸泡约 1 小时,然后用手指朝一个方向搅动或将香菇的蒂部朝下在水中抖动,使其中的泥沙沉入碗底。泡香菇的水在去除沉底的杂质后,可以加到菜里作调味汁。泡发的时间不宜过长,以 3~4 小时为宜。

快速泡发干香菇的方法:①将干香菇装入密封容器中,加入 20℃~35℃的温水,盖好盖子。②晃动容器,使香菇与容器壁碰撞,越猛烈越好。③持续用力晃动 1~2 分钟,然后再浸泡 10 分钟即可。

另外,香菇富含麦角甾醇,这种物质在阳光照射后转变为维生素 D,可增强身体对钙质的吸收。泡发前可放在太阳下暴晒,增加维生素 D 含量。

5. 怎样烹制老化香菇?

贮存时间超过 1 年以上的老化香菇,如处理不当就会使汤变色、菜变味,影响菜肴的质量。可采取以下方法处理:正常泡发后,挤去水分,加入少许食盐、淀粉和鸡蛋清,搅拌均匀,入沸水余熟,捞出在清水中过凉后,既可放入汤菜中,也可制成凉拌菜或其他菜肴。经过这样处理的香菇,质地嫩滑,味道鲜美,色泽如初。

6. 怎样泡发干猴头菇?

首先,用清水将猴头菇表面的脏物洗净,除去根蒂后放入盆内,加入 30℃~40℃的温水(用淘米水更好)浸泡 3.5~4 小时,用手捏猴头菇无硬疙瘩即可。不能用沸水泡发的原因有以下 3 点:

①沸水的温度会使猴头菇的营养丧失,水温超过 60℃就会使猴头菇中活性营养成分丧失;②用沸水泡发会使猴头菇内部产生肉筋,影响口感;③用沸水泡发的猴头菇总有没泡好的感觉,用手捏里面总有小疙瘩,猴头菇的菌刺变硬不伸展,颜色不够鲜亮。

其次,将泡发的猴头菇捞出,用手挤出黄水,放入清水中泡发 15 分钟左右,再挤出黄水,如此反复 2～3 次即可。

最后,将蒸笼烧沸,放入猴头菇大火蒸 10 分钟,利用高温迅速锁住猴头菇的营养成分和味道,再小火蒸 1.5 小时;也可先放入沸水加盖煮 10 分钟,再用小火慢慢焖煮 1.5 小时,直至猴头菇软烂为止,汤汁中含有丰富的营养,可利用其烹饪菜肴。

7. 黑木耳有哪些营养价值?

(1)防控心脑血管疾病 黑木耳中含有一种抑制血小板聚集的成分,其抗血小板聚集作用与小剂量阿司匹林相当,可降低血黏度,使血液流动畅通,防止血栓形成。这对于延缓中老年人动脉硬化、防治心脑血管疾病具有良好效果。

(2)抗衰防老 黑木耳含有能增强人体免疫功能、延缓人体衰老的物质,再加上其独特的降脂防癌和防治多种老年性疾病的作用,因此中老年人经常食用,对防治多种老年疾病,抗癌、防癌、延缓衰老,都有很好的效果。

(3)减肥排毒 黑木耳中含有丰富的纤维素和植物胶原,这两种物质能促进胃肠蠕动,促进肠道排除脂肪、减少脂肪的吸收,从而防止肥胖。同时,由于这两种物质能促进胃肠蠕动,防止便秘,有利于大便的及时排出,从而起到预防直肠癌及其他消化系统癌症的作用。特别是对从事矿石开采、冶金、水泥制造、理发、面粉加工、棉纺毛纺等空气污染严重工种的工人,经常食用黑木耳能起到良好的保健作用。

(4)化解结石 黑木耳对胆结石、肾结石、膀胱结石等内源性异物有比较显著的化解功能。黑木耳所含的发酵产物和植物碱，具有促进消化道与泌尿道腺体分泌的特性，并协同这些分泌物催化结石，滑润管道，使结石排出。同时，黑木耳还含有多种矿物质，能对各种结石产生强烈的化学反应，剥脱、分化、侵蚀结石，使结石缩小、排出。

(5)天然补血　黑木耳被营养学家誉为"素中之荤"和"素中之王"。每100克黑木耳中含铁185毫克，比绿叶蔬菜中含铁量最高的菠菜高出20倍，比动物性食品中含铁量最高的猪肝高出约7倍，对缺铁性贫血具有良好的预防作用，是一种天然补血食品。中医学认为，黑木耳味甘性平，有凉血、止血作用，主治咯血、吐血、衄血、血痢、崩漏、痔疮出血、便秘带血等。

8. 怎样辨别黑木耳质量优劣？

(1)看色泽　优质木耳，朵面乌黑有光泽，背面略呈灰白色；用硫酸镁浸泡过的黑木耳则两面都是黑褐色的；用墨水浸泡过的黑木耳泡在清水里，很快水就会变成黑色。

(2)闻气味　优质黑木耳气味自然，有清香味；而掺假的黑木耳可能有墨汁的臭味。

(3)看朵形　优质木耳，耳瓣舒展，体质轻；劣质木耳呈团状。

(4)试水分　优质木耳，质地较轻；劣质木耳含水多，手感重。

(5)品滋味　优质木耳，清淡无味。劣质木耳皆有掺假物的味道。如尝到甜味，表明可能是用饴糖等糖水浸泡过的；有咸味的，是用食用盐水浸泡过的；有涩味的，是用白矾水浸泡过的；用硫酸镁浸泡过的木耳又苦又涩，难以下咽。

9. 鲜木耳能吃吗？

鲜木耳含有一种叫卟啉的光感物质，食用后会随血液循环分布到人体表皮细胞中,阳光照射后,会引发日光性皮炎,引起皮肤瘙痒、水肿,严重者导致皮肤坏死。另外,这种光感物质还易被咽喉黏膜吸收,导致咽喉水肿,出现呼吸困难。干木耳在暴晒过程中会分解大部分卟啉,食用前,经水浸泡,剩余卟啉毒素就会溶于水中。

10. 哪些人不宜吃木耳?

①木耳中含有一种叫腺嘌呤核苷的物质,具有抗血小板凝集作用。因此,对于患有咯血、呕血、便血、鼻出血的病人,木耳有促进出血的副作用。

②黑木耳具抗凝血作用,所以脑出血患者慎用,尤其是在脑出血发病后的前 3 个月里更要注意,即使脑出血康复后,也不能大量食用。

③腹泻者不食或少食,孕妇也不宜多吃。

11. 为什么色泽雪白的银耳不宜选购?

银耳以干燥、色白微黄、朵大体轻、胶质厚、有光泽且没有刺鼻味道者为优;若银耳颜色过白,且闻着有一股刺鼻的味道,则是用硫黄熏蒸过的。

硫化物不仅会破坏银耳中的营养成分,还会对肠胃系统产生严重的刺激,甚至中毒。

12. 为什么老年人不宜过量食用银耳?

银耳,又称白木耳、雪耳,有"菌中之冠"的美称。它既是名贵的滋补佳品,又是扶正强壮的补药。中医学认为,银耳有滋阴、润肺、养胃、生津的作用。主要用来治疗虚劳咳嗽、痰中带血、虚热口渴等,尤其是银耳性平和,味甘,对老年人及体质虚弱者最为适宜。

但在临床上,因食用银耳不当而发生肠梗阻的老年人也比较常见。因为老年人消化功能较差,白木耳不易消化,过多食用,会引起肠梗阻,表现为腹部阵发性绞痛、恶心、呕吐、腹胀、便秘、肛门停止排气等,严重者甚至需要手术治疗。为了避免老年人食用白木耳引起消化不良,一定要将白木耳煮熟后食用。

13. 黑、白木耳搭配吃好吗?

白木耳中富含维生素 D,能防止钙的流失,所含磷脂有健脑安神作用,适合中老年人食用。中医学认为,白木耳有润肺生津、补养气血、滋肾益精等功效,适合呼吸系统较弱的人群。

黑木耳中铁含量高,常吃能养血驻颜,防治缺铁性贫血。此外,黑木耳中的胶质具有极强的吸附能力,可减少粉尘对肺的伤害;黑木耳内还有一种类核酸物质,可以降低血中的胆固醇水平,对冠心病、动脉硬化患者颇有益处。

黑、白木耳搭配食用,营养素会得到相互补充,其中拌双耳就是非常简单的一道家常菜。先把水发黑、白木耳去杂洗净,然后在沸水中焯一下捞出,投入冷开水中冲凉,捞出,最后把盐、味精、白糖、胡椒粉、芝麻油制成的调味汁浇在双耳上,拌匀即可,非常适合秋季食用。也可将双耳用温水发泡后,加入冰糖和水,放蒸笼中蒸熟,制成双耳汤,具有滋阴润肺、补肾健脑的功效。

14. 怎样选购灵芝破壁孢子粉?

(1)感官检验 合格的灵芝破壁孢子粉呈粉末状,棕褐色或深棕色,质轻,用手捻有光滑感。取少许用舌头舔,应有灵芝特有的香味,无明显的苦味,咀嚼应无沙泥感,无油哈喇味和异味;若有明显苦味,可能混有灵芝粉;若有沙泥感,说明产品不纯;若有哈喇味或异味,说明该产品已氧化变质。

(2)**标签查阅**　在购买灵芝破壁孢子粉时,需看是否有省级以上质量检验单位出具的近期检验报告正本。可重点关注破壁率、灵芝酸含量、多糖含量、重金属和农药残留含量等指标。一般而言,应选择破壁率在 90％以上、灵芝酸和多糖含量相对较高、重金属和农药残留指标合格的灵芝破壁孢子粉。

15. 怎样识别毒菌?

毒菌又称毒蘑菇,我国常见的有 80 余种,不同品种所含毒素有差异,有些品种也可能含有多种毒素。毒菌中毒者绝大多数临床表现为剧烈恶心、呕吐、腹痛、腹泻、多汗、视物模糊、站立不稳、出现幻觉等,中毒严重者会引发急性肾衰竭或导致休克甚至死亡。

一般来说,毒菌可从以下几个方面加以识别:

(1)**观形状**　一般毒菌颜色鲜艳,多呈金黄色、粉红色、白色、黑色、绿色,外观较为丑陋,无毒蘑菇多为淡紫色或灰红色;质感黏滑,菌伞上多呈红紫、黄色或杂色斑点,菌柄上常有菌环,无毒蘑菇很少有菌环。

(2)**看分泌物**　新鲜野蘑菇撕断菌杆,无毒的分泌物清亮如水,个别为白色,菌面撕断不变色;有毒的蘑菇分泌物浓稠,呈赤褐色,皮容易剥脱,撕断后在空气中很快变色。

(3)**闻气味**　毒菌往往有辛辣、恶臭及苦味或其他异味,可食菌则有菌固有的香味,无异味。

(4)**变色试验**　用葱白在菌盖上擦一下,如果葱白变成青褐色,则有毒;毒菌煮熟后遇上银器往往变黑色,遇蒜丁变蓝色或褐色;或将少量新鲜牛奶洒在蘑菇表面,牛奶在其表面上发生结块现象,则可能有毒。

如误食毒菌,可采取催吐、洗胃、导泻或灌肠等方法进行急救。

调料篇

1. 怎样选购和存放食盐?

(1)看包装　购买食盐时,注意查看外包装上的标签是否标注产品名称、配料表、净含量、制造商或经销商的名称和地址、生产日期、储藏方法、质量等级等内容,同时查看产品色泽、均匀度等状态。

(2)依需要　可根据个体需要选购低钠、富硒、高锌或加碘等种类盐。也可根据具体用途选择不同种类的食盐,如烹饪菜肴用,应选购细盐;腌制食品时可选用大粒盐。

(3)勿买工业用盐　工业用盐中存在的大量亚硝酸盐及铅、砷、汞等有害物质,会对人体健康造成极大危害,甚至危及生命。

食盐具有吸湿性、腐蚀性,尤其是碘盐中的碘酸钾在热、光、风、湿条件下会分解挥发。所以,应少量购买。食盐宜存放在密封较好的瓦罐里避光存储,金属器皿因有腐蚀性不宜盛放食盐。

2. 食盐摄入量多少为宜?

盐的摄入量常常是由味觉、风味和饮食习惯等因素决定的,在我国素有"南甜北咸"的说法,长期以来北方人吃盐偏多,这是不健康的饮食习惯。过多摄入食盐,易患感冒、高血压、胃病、骨质疏松等疾病,并增加肾脏负担,对身体健康有着诸多不利。气喘病患者,合并肺源性心脏病患者在日常生活中,应清淡饮食,不吃或少吃盐腌食品。

相反,过少摄入盐或不食用盐,也是不科学的。若钠盐摄入不足,会使机体细胞内外渗透压失去平衡,促使水分进入细胞内,产生程度不等的脑水肿,轻者出现意识障碍,包括嗜睡、乏力、神志恍惚,严重者可发生昏迷。若长期过度限制盐的摄入,会导致血清钠含量过低,从而引起神经、精神症状,出现食欲不振、四肢无力、眩晕等现象,严重时还会出现厌食、恶心、呕吐、心率加速、脉搏细弱、肌肉痉挛、视物模糊、反射减弱等症状,医学上称为"低钠综合征"。极度限盐能使体液容量下降,肾素、血管紧张素系统及交感神经系统活性增加,可导致部分病人的血压反而升高。

世界卫生组织推荐,成人每日食盐摄入量应不超过5克。高血压患者,以每日不超过4克为宜。另外,婴儿忌食食盐,否则会使其养成口味偏重的习惯,或引起心肌和全身肌肉衰弱,甚至可能对其肾脏造成终生性损害。

日常饮食中,除了直接食用盐,还有很多"隐形食盐"。很多调料都含盐,如酱油、醋、味精;而面包、饼干、油条、油饼也含盐;甚至许多蔬菜也含盐,如空心菜、豆芽、紫菜;此外,一些零食中的食盐含量较高,如薯片、火腿肠、瓜子、话梅等。

3. 烹制菜肴何时放盐为宜?

(1)烹调前放盐 蒸制块肉时,因其厚大,且蒸的过程中不能再放调味品,故蒸前要将盐、调味品一次放足。烹制鱼丸、肉丸等,先在肉茸中放入适量的盐和淀粉,搅拌均匀后再吃水,能使之吃足水分。一些爆、炒、炸的菜肴,挂糊上浆之前先在原料中加盐拌匀上劲,可使糊浆与原料黏密而紧,不容易分开。

(2)烹调前期放盐 做红烧肉、红烧鱼块时,肉经煸、鱼经煎后,即应放入盐及调味品,然后旺火烧沸,小火煨炖。

(3)烹调后期放盐 爆炒类菜肴在炒透时适量放盐,炒出来的菜肴嫩而不老,营养成分损失较少。

(4)熟烂后放盐 肉汤、骨头汤、腿爪汤、鸡汤、鸭汤等荤汤在熟烂后放盐调味,可使肉中蛋白质、脂肪较充分地溶在汤中,使汤更鲜美。炖豆腐时也当熟后放盐,与荤汤同理。

(5)食前放盐 凉拌菜如凉拌莴苣、黄瓜,放盐过早,会使其汁液外溢失去脆感,所以应食前片刻放盐,略加腌制沥干水分放入调味品,食之口感更好。

(6)根据食用油的种类放盐 用豆油、菜籽油做菜,为减少蔬菜中维生素的损失,一般应炒过菜后放盐;用花生油做菜,由于花生油极易被黄曲霉菌污染,从而含有一定量的黄曲霉菌毒素,故应先放盐炸锅,这样可以大大减少黄曲霉菌毒素;用荤油做菜,可先放一半盐,以去除荤油中有机氯农药的残留量,而后在做菜中间再加入另一半盐,以尽量减少盐对营养素的破坏。

此外,还要注意避免用碘盐爆锅、久炖、久煮,以减少碘的损失(馅料除外)。

4. 怎样选购酱油?

酱油是以豆饼、麸皮、黄豆等作为原料,通过发酵、消毒等一系列步骤制作成的一种含有丰富氨基酸的调味品,是烹调食物中很重要的佐料。

那么如何选购酱油呢?

(1)看标签 查看生产日期和保质期;标注的是酿造还是配制酱油,如果是酿造酱油应看清标注的是采用传统工艺酿造的高盐稀态酱油,还是采用低盐固态发酵的速酿酱油。酿造酱油通过看其氨基酸态氮的含量可区别其等级,含量越高,品质越好;看标明用途是佐餐还是烹调,按需选购。凉拌酱油又叫佐餐酱油,是可以直接入口,主要用途就是凉拌,卫生指标较好;烹饪用的酱油不能直接入口,只能用于烹饪。

(2)看质感 合格的酱油呈红褐色或棕褐色,鲜艳,有光泽,无沉淀物,无霉花浮膜。摇晃时,产生的泡沫多,并且不易散去,酱油挂壁时间较长。

(3)闻气味 传统工艺生产的酱油有一种独特的酯香气,气味丰富醇正。凡有不良气味,且尝之有酸、苦、涩味,以及有霉味、浑浊、沉淀等皆可能是掺假酱油。

(4)依用途 酱油包括两种,即生抽和老抽。生抽是以优质黄豆和面粉为原料,经发酵、提取而成,味道较咸,因为颜色比较淡,所以做一般的炒菜或者凉菜的时候用得多。老抽是在生抽中加入焦糖色,经特殊工艺制成的浓色酱油,吃到嘴里后有种鲜美微甜的感觉,适合肉类增色之用。

有实验测得,老抽在人体内产生的抗氧化作用比红酒高出10倍,比服用维生素E高出150倍,因而能有效对抗自由基对身体的危害,具有强健血管、防止血管硬化、降低中风危险的作用。

理论上说,酱油可直接食用,但酱油在生产、贮存、运输、销售的过程中,常因卫生条件不良而受污染,甚至带有引发肠道传染病的致病菌,散装酱油的问题会更严重。有实验表明,伤寒杆菌可以在酱油中存活2天,嗜盐菌可以长期生存。在浑浊、有沉淀、有杂质的酱油中,细菌数会高于标准100倍以上,这样的酱油如果直接食用,可能致病。因此,喜欢在面条、水饺、豆腐及凉拌菜中直接加酱油的人,一定要注意这些问题。

另外,酱油在发酵过程中,蛋白质腐败分解,会产生一定量的胺类物质,在亚硝酸存在的情况下,会合成致癌物质亚硝胺。因此,酱油应适当少吃。

5. 怎样选购和存放食醋?

(1)看包装 优质食醋其包装精美,图案鲜明,字迹清晰,标签标注内容准确完整,注意配料表和总酸含量、执行标准、净含量、添加剂具体名称。最好选购保质期为3～6个月的食醋,其风味更佳。

（2）看质感 优质醋透明澄清，浓度适当，无悬浮物、沉淀物、霉花浮膜。

（3）闻气味 优质醋具有酸味芳香，没有异味。

（4）尝味道 优质醋酸度虽高而无刺激感，酸味柔和，酸、甜、鲜、咸俱有，无异味，回味绵长；劣质醋颜色浅淡、发乌，开瓶酸气冲眼睛，无香味，且口味单薄，除酸味外，有明显的苦涩味。

盛放散装醋的瓶子一定要干净无水，加入几滴白酒和少量食盐，混匀后放置，可使食醋变香，不易长白醭，贮存时间较长。在醋瓶中放一段葱白、几个蒜瓣或少许香油，亦可起到防霉的作用。需注意的是，食醋不宜用铜器盛放，因铜与醋酸会发生化学反应，产生醋酸铜，食用后对健康不利。

6. 白醋与醋精有哪些区别？

夏季人们常吃凉拌菜，而其中用得最多的就是白醋。目前，市场上有两类白醋类产品。一种是人工合成醋也称醋精，它是用冰醋酸稀释而成，酸味大，无香味，因不含食醋中的各种营养成分，因此不易发霉，只起调味作用。值得注意的是，不法商贩销售用工业冰醋酸对制的白醋，含有大量对人体有害的游离矿酸和重金属等物质，长期食用会严重危害健康。另一种是以优质大米等粮食为原料酿造的食醋，采用液态深层发酵工艺精酿而成的，具有健脾、养颜护肤、通血、抑癌抗瘤、养阴补虚等功效。

7. 不同种类食醋有哪些特点？醋与菜肴怎样搭配？

（1）陈醋 酿造时需要经过较长时间的发酵过程，其中少量酒精与有机酸反应形成芳香物质，香味浓郁，味道较重。常用于需要突出酸味而颜色较深的菜肴中，如酸辣汤、鱼香肉丝、锅包肉等。

当然,在吃饺子、包子等面食时,也少不了解腻爽口的陈醋。

(2)香醋 以粮食为主要原料,采用独特工艺酿造而成。多用在菜品颜色较浅、酸味不能太突出的菜肴,如拌凉菜、糟熘鱼片等。另外,在烹饪海鲜或蘸汁吃螃蟹、虾等海产品时,放些香醋、熏醋可以起到去腥、提鲜、抑菌的作用。

(3)米醋 米醋是以优质大米为原料酿造而成。除有特殊清香外,在发酵中产生的糖使米醋有淡甜味。醋液呈透明的红色,常和白糖、白醋等调成甜酸盐水来制作泡菜,如酸辣黄瓜等。用于热菜调味时,常和野山椒辣酱等调成酸辣汁,用于烹制酸汤鱼等菜肴。除此之外,烹调排骨汤时,加入少量的米醋或熏醋,还有助于骨头里的钙质释出,并使钙更容易吸收。

(4)水果醋 如苹果醋、葡萄醋、梨醋等,多以部分水果为原料酿造而成,可直接饮用,有一定的保健作用。

8. 醋在菜肴烹饪中有哪些宜与忌?

豆芽中除含有丰富的维生素 C 之外,还含有维生素 B_1、维生素 B_2 等营养成分,烹调时易被氧化而遭破坏。在豆芽下锅后添加少许醋,能减少维生素的损失,并对其中的蛋白质有明显的凝固作用,增加脆度。

萝卜汁液含一种水溶性色素,称为花青素,在酸性溶液中颜色偏红,而在碱性环境中则呈紫蓝色。凉拌萝卜时,添加适量食醋,不仅起到消毒作用,而且还使菜肴的色泽更鲜艳,提高菜肴的感官质量。

新鲜辣椒含有丰富的维生素 A、维生素 C 等成分,可开胃,增强食欲,但不是所有人都能忍受其极强的辣味。因此,可在烹饪新鲜辣椒时放点醋,中和辣椒中的部分辣椒碱,除去大部分辣味,还可防止菜中维生素 C 的损失。

在烧猪蹄时,加少许醋,可使猪蹄中的蛋白质易于消化、吸收。因为猪蹄中的胶原蛋白质,在加酸的热水中易从猪蹄上分解出来,同时利于猪蹄骨细胞中的胶质分解出磷和钙,增加营养价值。

此外,煎蛋皮时,在鸡蛋中加几滴醋一起打散,能使蛋皮煎得又薄又有弹性;煮鱼时添加少许醋,能起到除腥的作用,并有利于钙的吸收;煮海带时加些醋,容易使海带煮透而且菜肴美味可口;牛肉中加醋,可促进肉的熟烂;土豆丝加食醋烹炒,可使菜肴清脆可口。

但炒青菜时不宜放醋,因为青菜中的叶绿素在酸性条件下加热极不稳定,因此加醋会使其营养价值大大降低。因此,炒青菜时要大火快炒,不宜放醋。

炒胡萝卜不宜放醋。胡萝卜含有大量胡萝卜素,经人体消化吸收,可以转化成维生素 A,维持眼睛和皮肤的健康。而皮肤粗糙者和患夜盲症者则不宜多食醋,因为醋会破坏胡萝卜素。

9. 哪些人忌吃醋?

(1)服用某些西药者 因醋酸能改变人体内局部环境的酸碱度,从而使某些药物不能发挥作用。在酸性环境中,磺胺类药物在肾脏中形成结晶,损害肾小管;碳酸氢钠、氧化镁、胃舒平(复方氢氧化铝)等碱性药物被醋酸中和,从而失效;红霉素等抗菌药物在酸性环境中药效会降低。

(2)服"解表发汗"的中药者 因醋属收敛之物,会干扰中药的发汗解表作用。

(3)胃溃疡和胃酸过多者 醋会腐蚀胃肠黏膜从而加重溃疡病的发展,并且醋本身含有丰富的有机酸,能刺激消化器官分泌大量消化液,加大胃酸的消化作用,导致胃病加重。

(4)醋过敏者及低血压者 食醋会导致人体出现过敏而发生皮疹、瘙痒、水肿、哮喘等症状。

(5)骨折患者　由于醋能软化骨骼和脱钙,破坏钙元素在人体内的动态平衡,促发和加重骨质疏松症,使受伤肢体酸软、疼痛加剧,骨折迟迟不能愈合。

10. 为什么不能用饮料瓶装食品?

在日常生活中,有些人认为装饮料的塑料瓶既轻便又不易破碎,于是用来盛装酒、食用油、酱油、醋等。事实上,这样做对健康不利。

饮料瓶是用聚乙烯或聚丙烯等添加多种有机溶剂制成的,用它来盛装矿泉水、可乐和汽水等非脂溶性饮料,对人体无害。但用来装植物油、酒、酱油、醋等脂溶性有机液体,就会使瓶体中的乙烯单体慢慢地溶解出来,时间长了就会发生中毒,引起"乙烯单体症"。

此外,饮料瓶的瓶壳一般比较薄,透明度高,易于老化,经氧气、紫外线等作用,会产生强烈的异味。如果长期用饮料瓶贮存食品,容易引起食品变质,将会出现头晕、头痛、恶心、呕吐、食欲减退、记忆力下降、失眠等症状,严重的还会导致贫血及其他危及生命的疾病。

11. 烹调中怎样合理使用料酒?

料酒是指以发酵酒、蒸馏酒或食用酒精成分为主体,添加食用盐(或植物香辛料),配制加工而成的液体调味品。

(1)不用伪劣料酒　当前市场上的伪劣料酒往往使用防腐剂、焦糖、色素等添加剂加盐、水勾兑而成,极易存在食品添加剂安全隐患,所以购买时一定要注意辨别。

(2)要适时　烹调中使用料酒的方法主要有三种:一是在烹调前将动物性原料与料酒拌匀,放置一定的时间,使料酒逐步渗入原料的表层组织,然后再下锅烹制;二是在加热的过程中,即在整个烧菜过程中锅内温度最高的时候加入,更有助于去腥增香,这种做法在烹调中是最常用的;三是将料酒预先放入调味汁或芡汁一同加入。

(3)不宜用白酒代替 料酒之所以能起到增香提味的作用,原因有二,一是低浓度的乙醇(15％左右)的挥发作用,可去除肉的膻味,同时不会破坏肉中的蛋白质和脂肪等营养成分;二是料酒中含有较多的糖分和氨基酸,能够起到增香提味的作用。

白酒的酒精度数比料酒高很多,过高含量的乙醇往往在去除了鱼、肉腥味的同时,破坏蛋白质;另外,白酒中的糖分、氨基酸含量比料酒中的低,提味的作用明显不如料酒。所以,白酒在烹调中不能代替料酒。

(4)可用啤酒代替 烹调肉类、禽类、鱼类等菜肴时,可用啤酒代替传统的黄酒调味,不但可以达到去腥除膻、增香调味的作用,而且风味别具一格。这是因为啤酒中除了含有一定量的乙醇以外,还含有特有的香味成分。生啤酒中的蛋白酶能起到肉类嫩化剂的功能,因此可将生啤酒与淀粉拌匀,与肉丝、肉片上浆,成菜口感柔嫩而多汁。

当然,并不是烹制所有动物性原料的菜肴都必须加料酒。例如烹制榨菜肉丝汤时,因为榨菜和肉丝在锅中的汤水中一氽即成,速度较快,如果在汤中放料酒,由于成菜时间短,酒味便不易挥发去除,使得原来清淡味美的汤被酒气所破坏,反而降低了菜肴质量。

12. 食用味精有哪些注意事项?

味精又称味素,主要成分是谷氨酸钠,通常含90％左右,是常用调味料。谷氨酸是人体必需氨基酸,对改进和维持丘脑的功能十分重要,尤其对于智力发育很有帮助。谷氨酸钠有强烈的肉类鲜味,溶于2000～3000倍的水中,仍能被感觉出来。所以,在烹制菜肴过程中,适量地添加味精,可以使菜肴味道鲜美,促进食欲。

食用味精时应注意以下几点:

(1)适量 味精食用过多,会限制人体对钙、镁等元素的利用,并可能使人产生头痛、恶心、发热甚至高血糖等症状。如果婴儿食品中味精过多,会影响血液中锌的利用。成年人每天味精摄入量以不超过 5 克为宜,孕妇、老年人及患有高血压、肾炎、水肿等疾病的人群需谨慎食用。世界卫生组织规定 1 岁以内婴儿禁用味精。我国规定味精不得用于 12 岁以下儿童的食品。

(2)避免高温 温度在 70℃～90℃ 时,味精的溶解度最高。120℃ 以上时,味精中的谷氨酸钠变为焦化谷氨酸钠,不但失去鲜味,而且还具有一定毒性。所以,蒸、煮(炖)以及急火快炒的菜不宜先放味精,应在菜炒熟临出锅时放。如果需要勾芡的话,勾芡之前投放味精。另外,切记做馅料时勿放味精,因为蒸、煮、炸等高温过程会使味精变性,失去调味的作用。

(3)适用于中性食品 味精添加在 pH 值为 6.5～7 的中性菜肴中味道最佳,过酸或过碱都会影响味精提鲜的效果。在碱性条件下,味精容易分解产生一种具有不良气味的谷氨酸二钠;在酸性条件下,味精不易溶解,同时还会发生吡咯烷酮化,变成焦谷氨酸,不仅降低鲜味,而且还对人体有害。

(4)用咸不用甜 味精的鲜味宜用在咸味的菜肴和羹汤中,甜味食品中绝不能放味精,否则不但没有增鲜的效果,而且还会产生异味,吃起来不舒服。另外,还需注意一点,味精含有一定量的氯化钠,如菜肴或羹汤中添加味精,可适当减少食盐的量。

(5)凉拌菜不宜用 凉拌菜温度较低,味精不易溶化,不能起到调味的作用。

13. 鸡精含有哪些成分?

鸡精是以新鲜鸡肉、鸡骨、鸡蛋为原料制成的复合增鲜、增香的调味料。鸡精中的主要成分与味精相同,含 90％以上的谷氨酸钠,其余为助鲜剂、食盐、糖、鸡肉粉、辛香料、鸡味香精等。鸡精适量加入到菜肴、汤羹、面食中能达到改善口感、增加食欲的效果。鸡精含盐,吸湿性大,要注意密封,否则容易滋生细菌。一般成年人均可食用,但高血压患者及痛风患者应少食。

14. 洋葱和毛葱有哪些营养功效?

洋葱性温味辛,含有蛋白质、糖、粗纤维、硒、硫胺素、核黄素、前列腺素 A、氨基酸以及钙、磷、铁、维生素 C、胡萝卜素、B 族维生素等多种营养成分,其中的挥发油含有降低胆固醇的物质——二烯丙基二硫化物。洋葱具有消热化痰、解毒杀虫、开胃化湿、降脂降糖、助消化、平肝润肠、祛痰、利尿、发汗、预防感冒、抑菌防腐等功效,可以预防和治疗动脉硬化症,还具有防癌的作用。由于它集营养、保健和医疗于一体,在欧美一些国家,洋葱被誉为"菜中皇后"。

毛葱结构紧密,营养价值高,可在一定程度上替代大葱作调味品。同时,毛葱还具有很好的医疗作用,对失眠、咽喉炎、赤痢、阴道滴虫病、降血糖、血脂和血压,对脑瘤、乳腺炎、前列腺炎和某些皮肤病具有很好的疗效,也可去头屑,提高胃肠张力,增强内分泌功能,特别在软化血管方面效果更佳。有研究发现,经过特殊加工的毛葱汁(学术界称之为毛葱油),在阻断结肠、口腔、肺脏、肝脏、胰脏、食管等器官的癌变过程中有明显的作用。

15. 吃姜有哪些宜与忌?

姜性温味辣,含有姜醇等油性挥发物,还有姜辣素、维生素、姜油酚、树脂、淀粉、纤维以及少量矿物质。吃姜可以起到增强血液循环、排汗降温、刺激胃液分泌、兴奋肠道、促进消化、增进食欲等作用,并可缓解疲劳乏力、腹胀腹痛。生姜中的姜辣素进入体内后,能产生一种抗氧化本酶,这种酶有很强的抗氧自由基的能力,比维生素 E 还要强得多。所以,吃姜能抗衰老。生姜提取液具有显著抑制皮肤真菌和杀阴道滴虫的功效,可治疗各种痈肿疮毒。生姜有抑制癌细胞活性、降低癌的毒害作用。所以,在我国民间流传着"生姜治百病"的说法。

(1)勿食硫黄熏过的姜 正常的生姜表面呈灰白色,不好看,而且外皮较厚,用手搓是搓不掉的。用硫黄熏过的生姜外观较好,呈醒目的姜黄色,非常新鲜,表皮用手一搓即掉。

(2)不要去皮 中医学认为生姜味辛、性温,有发表健胃、止呕解毒等功效,而生姜皮味辛、性凉,具有行水、消肿的作用,因此有"留姜皮则凉,去姜皮则热"之说。因此,带皮姜可以保持生姜药性的平衡,而给患风寒感冒者冲泡生姜红糖水或在烹调苦瓜、螃蟹、绿豆芽等寒凉性菜肴时,可去掉姜皮。

(3)对症食用 由于姜性辛温、逐寒邪而发表,所以只能在受寒的情况下应用。凡属阴虚火旺、目赤内热者,或患有痈肿疮疖、肺炎、肺脓肿、肺结核、胃溃疡、胆囊炎、肾盂肾炎、糖尿病、痔疮者,都不宜食用。

(4)老嫩有别 姜分为嫩姜和老姜。嫩姜柔嫩,水分多、纤维少,颜色偏白、表皮光滑,辛辣味淡薄。老姜外表呈土黄色,表皮粗糙,且有纹路,味道辛辣。嫩姜辣味小,口感脆嫩,宜用来炒菜、腌制等。老姜味道辛辣,宜用作调味品,炖、焖、烧、煮、扒等做法中用老姜较好。老姜药用价值较高,可预防感冒。

(5)慎饮生姜红糖水 从治病的角度看,生姜红糖水只适用于风寒感冒或淋雨后有胃寒、发热的患者,不能用于暑热感冒或风热感冒患者,也不能用于治疗中暑。服用鲜姜汁可治疗因受寒引起的呕吐,对其他类型的呕吐则不宜使用。

(6)勿吃烂姜 腐烂的生姜会产生一种毒性很强的物质,可使肝细胞变性坏死,诱发肝癌、食管癌等。那种"烂姜不烂味"的说法是不科学的。

(7)适量食用 夏季天气炎热,人们容易口干、烦渴、咽痛、汗多,生姜性辛温,属热性食物,根据"热者寒之"原则,不宜多吃。在做菜或做汤的时候放几片生姜即可。

(8)不宜晚上吃 人在清晨时,胃中之气有待升发,吃点姜可以健脾温胃,为一天中饮食的消化吸收做好"铺垫";而且,生姜中的挥发油可加快血液循环、兴奋神经,使全身变得温暖。冬日早晨,适当吃点姜,还可驱散寒冷,预防感冒。到了晚上,人体阳气收敛、阴气外盛,因此应该多吃清热、下气消食的食物,有利于夜间休息,如萝卜就是较好的选择。而生姜的辛温发散作用会影响食用者夜间的正常休息,还很容易产生内热,日久还会出现"上火"的症状。

16. 怎样选购姜粉?

姜粉,可以用来调味、腌渍、调汤,用起来更加快捷方便。选购时,需仔细辨别。纯的姜粉,外观淡黄色,颗粒较大,纤维较多,具芳香而辛辣味,品尝时舌尖有麻辣感。掺假姜粉多呈黄褐色,纤维少,颗粒较小,手研磨有硬粮食颗粒,味微辣,品尝舌尖微有麻辣感。存放时间较长的掺假姜粉结块、有霉变气味。

自制姜粉时,先选择品质好的姜,将其风干,用粉碎机打成粉末状即可。

17. 大蒜有哪些营养功效?

大蒜性温味辛,含有蛋白质、脂肪、碳水化合物、B族维生素、维生素C等营养成分,以及硫、大蒜素和多种活性酶。此外,其钙、磷、铁等元素的含量也很丰富。大蒜具有杀虫、解毒、消积、行气、温胃等功效,对饮食积滞、脘腹冷痛、痢疾、疟疾、百日咳、痈疽肿毒、水肿胀痛、虫蛇咬伤等均有一定的治疗作用。此外,吃大蒜还可以防流感、治疗霉菌感染,并具有调节胰岛素、预防关节炎、降血压、降血脂、降血糖和较强的抗癌防癌作用。它是目前已经知道的效力最大的植物抗生素之一,有"地里生长的青霉素"和"天然抗生素"的美誉。

因大蒜素遇热、遇咸即失效,大蒜必须生食才有效果。食用前,将大蒜捣碎成泥,或切成 2 毫米的片状,放置 10～15 分钟,使其氧化,使大蒜中的蒜氢酸和蒜酶产生大蒜素后再食用,才具有杀菌保健功效。

18. 哪些人慎吃大蒜?

(1)眼病患者 中医学认为,长期大量食用大蒜会"伤肝损眼",因此,患有青光眼、白内障、结膜炎、麦粒肿、干眼症等眼疾的人宜少食,特别是身体差、气血虚弱的病人更应注意,否则时间长了会出现视力下降、耳鸣、头重脚轻、记忆力减退等现象。

(2)肝病患者 大蒜的某些成分对胃、肠有刺激作用,可抑制肠道消化液的分泌,加重肝炎患者的恶心等症状。另外,大蒜的挥发性成分可使血液中的红细胞和血红蛋白等降低,并可引起贫血,对肝炎患者的身体健康不利。

(3)腹泻患者 发生非细菌性的肠炎、腹泻时,不宜生吃大蒜。辛辣味的大蒜素会刺激肠道,使肠黏膜充血、水肿加重,促进渗出,使病情恶化。

(4)重症患者 对于重病患者、正在服药的病人,食用大蒜、辣椒等辛辣食品会使药失效,还有可能产生副作用,给病人造成危险。

此外,还要注意以下两点:①大蒜不能空腹食用,因为其中含有强烈辛辣味的大蒜素,会刺激胃黏膜、肠壁,引起胃肠痉挛、绞痛;②大蒜具有杀灭精子的作用,故育龄青年不宜多食。

19. 怎样选购和食用芝麻？

市场上黑芝麻掺假主要是染色。

(1)看颜色 染过色的芝麻又黑又亮,一尘不染;没染色的颜色深浅不一,还掺有个别白芝麻。

(2)闻味道 没染色的芝麻有香味,染过色的不仅不香,还可能有股墨臭味。

(3)用牙咬 里面若有白芯,表明其是用白米染成的。

(4)用手搓 正常芝麻不会掉色,若掉色,则为染色的。

芝麻有以下 4 种食用方式,即芝麻酱、芝麻油、芝麻糊和炒整粒芝麻拌菜用,其中吃整粒芝麻的方式是最不科学的。芝麻仁外面有一层硬壳,它在胃肠道内不能被消化,小小的芝麻就会"穿肠而过",白白浪费。只有把芝麻碾碎,磨成粉,使其中的营养素暴露出来,才能经胃肠道消化吸收。因此,吃芝麻要碾碎外壳,如首先将其炒熟后,放在案板上摊平,然后用擀面棍将其擀碎;或用布包裹后用酱油瓶子捶碾成细末。

20. 辣椒有哪些宜与忌？

辣椒性热味辛,含有 B 族维生素、维生素 C、蛋白质、胡萝卜素、辣椒碱、柠檬酸、铁、磷、钙等多种营养成分,尤其是维生素 C 的含量非常高,在蔬菜中名列前茅。它具有温中祛寒、开胃消食、发汗除湿的功效,还有一定的杀菌作用,对预防感冒、动脉硬化、夜盲症和坏血病有较好的效果。辣椒还有预防癌症、延缓衰老的作用,特别是红辣椒在民间享有"红色药材"的美称。

但吃辣椒也有禁忌。

(1)肾病患者 辣椒素是通过肾脏排泄的,有损肾实质细胞,严重时可引起肾功能改变,甚至出现肾衰竭。

(2)服用中药者 辣椒素会影响中药疗效,因此服用中药时,应禁食辛辣食物。

(3)慢性胆囊炎、胆石症、胰腺炎患者 由于辣椒素的刺激,引起胃酸分泌增加,胃酸过多可引起胆囊收缩,胆道口括约肌痉挛,造成胆汁排出困难,从而诱发胆囊炎、胆绞痛及胰腺炎。

(4)慢性胃炎、胃溃疡、食管炎患者 由于辣椒素的刺激,会使黏膜充血水肿、糜烂,胃肠蠕动剧增,进而引起腹痛、腹泻等,并影响消化功能的恢复。

(5)心脑血管疾病患者 因辣椒素使循环血量剧增,心跳加快,心动过速,短期内大量服用,可致急性心力衰竭甚至猝死。

(6)痔疮患者 由于辣椒素的刺激,痔静脉充血水肿,进一步加重痔疮,甚至形成肛门脓肿。另外,辣椒还可加重便秘症状。

(7)皮肤病患者 食用辣椒后会使症状加重。

(8)红眼病、角膜炎患者 食用辣椒容易上火,从而加重病情。

(9)瘦人 因瘦人常咽干、口苦、烦躁易怒,如果食用辣椒,不仅加重上述症状,而且易导致出血、过敏和炎症,严重时会发生疮痈感染等。

(10)孕产妇 孕产妇食用辣椒,会出现口舌生疮、大便干燥等上火症状,也可因哺乳婴儿使之患病。

(11)甲亢患者 甲亢患者心率快,食用辣椒后会心跳加快,使其症状更加明显。

因此正常人也不宜长期、大量食用辣椒。过辣的食物,不仅对胃肠有很大的刺激作用,还会诱发或加重慢性胃炎,甚至致癌。

21. 花椒有哪些功效?

花椒性温味辛,含有柠檬烯、花椒素、不饱和有机酸和挥发油等成分。它具有温中健胃、散寒除湿、解毒杀虫、理气止痛的作用。对治疗积食、呃逆、嗳气呕吐、风寒湿邪所引起的关节肌肉疼痛、痢疾、蛔虫等有一定作用。现代药理研究发现,花椒有一定的局部麻醉和镇痛的功效,对各种杆菌和球菌也有明显的抑制作用。

22. 怎样辨别花椒质量?

合格花椒的壳色红艳油润,粒大且均匀。用手抓时,有刺手干爽之感。用手拨弄时,会有"沙沙沙"的响声,用手捏,花椒会破碎。若要想选购特别麻的花椒,应选花椒顶部开口大的。

辨别花椒是否染色方法如下。

(1)看外观 花椒是成串生长的,有植物的果梗,每一粒果实都会开裂,外表呈紫色或棕红色,有突起的疣状物;而染色的假花椒颜色红艳,用手碾碎可见掉色。

(2)闻气味 未染色花椒气味麻辣长久,假的气味淡而差。

(3)用水泡 浸泡水里时,未染色花椒水呈浅褐色;染色花椒水呈红色或红褐色。

23. 胡椒粉为什么不能多吃?

胡椒性温味辛,含有挥发油、胡椒碱、脂肪、蛋白质、淀粉等营养物质。其味辛辣芳香,除可去腥增香外,还有除寒气、消积食等功效。胡椒的主要成分是胡椒碱,此外还含有胡椒脂碱、胡椒新碱等成分。一般人均可适量食用。但大量使用胡椒粉,可能压抑菜肴的本味,产生喧宾夺主的效果,同时对口腔和消化器官也有较大的刺激。多食胡椒粉则损肺、耗气伤阴、破血堕胎、发疮损目,故咳嗽吐血、痔疮、痛风、关节炎、糖尿病、支气管炎、咽喉炎患者及易上火者应慎用。胃寒者可适当多吃。

24. 怎样辨别假八角?

八角有驱虫、温中理气、健胃止呕、祛寒、兴奋神经等功效。假八角莽草则含有莽草毒素等,误食易引起中毒,所以在挑选时一定要辨清真假。

(1)看外形 八角(又称大料)的瓣角较为整齐,每一瓣都比较厚,尖角是平直的,蒂柄向上弯曲;而假八角莽草的瓣角则不整齐,大多为八瓣以上,瓣瘦长,尖角呈鹰嘴状,外表极皱缩,蒂柄平直。

(2)尝味道 真八角味甘甜,有强烈而特殊的香气;假八角味微苦,没有八角特有的香味。

25. 芥末粉能直接食用吗?

芥末粉的辣味来源很多,主要有异硫氰酸丙烯、异硫氰酸丁酯、芥子苷、芥子碱、芥子酸等,兼有味感和嗅感的双重刺激作用。由于芥末粉中除了浓烈的辣味以外,还稍微带一些苦味,因此在使用前应先行进行脱苦处理:可先把芥末粉用温开水调成糊状,再加入适量食糖、食醋等以缓冲其强烈的刺激性辣味,从而达到去除苦味的效果。此外,也有在芥末粉中添加植物油的,其作用是使芥末糊色泽光润。

26. 为什么孕妇不宜用肉桂、花椒、八角作调味品?

八角、小茴香、花椒、胡椒、肉桂、五香粉、辣椒都属于热性香料,女性怀孕,体温相应增高,肠道也较干燥。而热性香料具有刺激性,长期食用伤阴耗液,造成肠道更加干燥,最终导致便秘,排大便时用力屏气会引起腹压增大,压迫子宫内的胎儿,易造成胎动不安,甚至羊水早破、早产等不良后果。所以,孕妇应避免食用。

另有研究发现,肉桂可能含有移码突变型及碱性对置型诱变物,花椒、八角可能以含有移码突变型诱变物为主。这些诱变物,能改变组织细胞的遗传功能,发生突变,给人体健康带来不利。因此,即使是正常人也应慎用。

27. 怎样辨别食糖的质量?

(1)看颜色 白砂糖应洁白光亮,无杂色;绵白糖应洁白如雪;机制赤砂糖应为褐色或黄褐色;冰糖应无色透明,微黄色则不纯净。食糖颜色发黄、发暗,均表明其中含有杂质。

(2)看形态 机制砂糖晶体均匀一致,晶面明显,富有光泽,松散不沾手;绵白糖晶粒细小,均匀绵软,无结块;反之,则表明其中含有水分或杂质。

(3)尝味道 甜味纯正的是优品;有酸味、苦焦味或其他异味,表明质量差。

(4)看杂质 优质糖卫生、纯净、无杂质,水溶解后透明,无沉淀、悬浮物;反之,则质量较差。

28. 白糖发黄还能吃吗?

白糖在储存、运输、销售的过程中,如不注意卫生管理,容易受到螨虫的污染,严重者使其颜色发黄。当人吃了被螨虫污染的白糖后会致病。螨虫若侵入人体肠道,会损害肠黏膜而形成溃疡,引起腹泻、腹痛、肛门烧灼;侵入肺部,可引起肺部毛细血管破裂而咯血,并诱发过敏性哮喘;侵犯泌尿道,则可引起泌尿道感染,发生尿频、尿急、尿痛或尿血等症状。所以,家庭购买白糖不宜过多,不宜长期存放。若白糖发黄,一定要加热处理后再食用(在70℃高温下,螨虫就会死亡)。

29. 怎样让结块的白糖变松散?

将洗净的苹果,用刀切一小片,放入糖罐中,盖上盖子,3小时后,苹果中的少量水分会让干燥结块的白糖变得松散。如果糖罐中的糖较多,可适当加量加时。同理,其他含水分较大的水果也可以解决白糖结块的问题。

30. 红糖具有哪些功效作用?

红糖的原料是甘蔗,含有 95％左右的蔗糖。红糖有"温而补之,温而通之,温而散之"之性,即俗称的"温补"。红糖中所含的葡萄糖释放能量快,吸收利用率高,可以快速补充体力。有中气不足、食欲不振、营养不良等问题的儿童,平日可适量饮用红糖水。受寒腹痛、月经来时易感冒的女性,也可用红糖姜汤祛寒。对老年体弱,特别是大病初愈的人,红糖亦有极佳的疗虚进补作用。老年人适量吃些红糖还能祛瘀活血,利肠通便,缓肝明目。

另外,红糖中的"糖蜜"成分使其具有强力解毒功效,能将过量的黑色素从真皮层中导出,并通过淋巴组织排出体外。同时,红糖中还含有胡萝卜素、核黄素、烟酸、氨基酸、葡萄糖等成分,对细胞具有强效抗氧化及修护的作用,能使皮下细胞在排除黑色素后迅速生长,更彻底达到预防黑色素生成、持续美白的效果。

31. 为什么不能空腹吃糖?

糖是一种极易消化吸收的食品,空腹大量吃糖,人体短时间内不能分泌足够的胰岛素来维持血糖的正常值,使血液中的血糖骤然升高容易导致眼疾。另外,糖属酸性食品,空腹吃糖还会破坏机体内的酸碱平衡和各种微生物的平衡,对机体健康不利。

32. 为什么富铜食物不宜与糖同食?

铜为人体必需的重要微量元素之一,参与体内多种金属酶的合成。但是食糖过多会降低含铜食物的营养价值,因为果糖和砂糖会阻碍人体对铜的吸收。所以,在人体内缺铜,或吃富铜食物时,最好少吃糖。日常食物中,含铜较多的食物有核桃、贝类、肝、肾、豆类、葡萄干等。

33. 怎样鉴别糖果的质量?

市售糖果种类繁多、味道各异,大致分为奶糖、软糖、硬糖和夹心糖,鉴别选购要点如下。

(1)包装 品质优良的糖果,包装纸防潮性好,商标图案、糖名、厂名清楚,糖果包装严实、紧密、整齐,无破裂、松散现象。高级糖果有几层包装,包装精美。普通糖果的包装一般,只有一层,有的上面甚至没有厂名,质量较差。

(2)外观 品质优良的糖果,表面光洁平整,无裂纹、残缺、黏结、杂质,透明度好。夹心糖不露馅。如果大小不完整,发黏,没有透明度,则是低劣糖果。

(3)香味 每一种糖果都有其独自的香味,如果某种糖果失去了它本身固有的香味,则可能已变质,不宜选购。

(4)滋味 好的糖果甜味和顺、适中,无其他异味。乳脂糖、蛋白糖和巧克力糖应口感细腻。而劣质糖果有焦苦味及不良滋味。

(5)粒数 正规厂家生产的糖果,大小均匀。每千克都有一定的粒数,每千克100粒(块)以下的,允许差数2粒;100~200粒的,允许差数4粒;200粒以上的,允许差数6粒。如果购买的糖果粒数不符合上述数值,则其质量差。

(6)发烊发砂 好的糖果包装完整,硬糖应坚硬而有脆性,软糖应柔软而有弹性,夹心糖应不露馅。所有糖果均应不黏牙、不粘纸。如果有发砂的情况,不宜购买。发砂是糖果中蔗糖溶化后重新结晶的现象。严重的发砂,使糖果成为松脆易碎的砂块。

34. 吃过多甜食对身体健康有哪些不利?

(1)加速细胞老化 长期大量吃糖会使体内环境变成中性或

弱酸性,体内自由基过多,加速人体细胞老化,使皮肤黯淡无光,皱纹变多,生白发。

(2)长痘 过多的甜食会使身体内 B 族维生素的代谢变慢,造成皮肤大量出油,导致毛孔堵塞,从而长痘。

(3)发胖 甜品中所含的糖进入体内会被转化为葡萄糖为人体提供能量,当供应的能量有剩余时,就会转化为脂肪,进而诱发糖尿病、高脂血症、心血管疾病、脂肪肝等多种疾病。

(4)引起龋齿和口腔溃疡 甜食可以为口腔里的细菌提供良好的生长繁殖条件,这些细菌和残留的糖分在一起,会使牙齿、牙缝和口腔里的酸性增加,时间长了易引起龋齿和口腔溃疡。

(5)骨折 长期过量食用甜食会消耗掉体内大量的钙,引发缺钙、骨质疏松。

(6)营养不良 食用糖可以替代一部分饭菜,减少进食量。这样做虽然身体所需要的总热量满足了,但蛋白质、脂肪、矿物质、维生素、纤维素等营养素就会大大欠缺,以致引起营养失调,久而久之也会造成营养不良及贫血。

(7)患阴道炎 当摄入的糖分过多时,阴道内的糖原过多使阴道内酸度增加,导致病菌大量繁殖,从而引起阴道炎。

(8)易患乳腺癌 早期乳腺癌细胞的生长和繁殖需要有大量的胰岛素作支撑,而甜食能使血液中的胰岛素维持在较高水平,间接为癌细胞的生长创造有利条件。

(9)患胆结石 血液中较高的胰岛素含量会导致胆内的胆固醇、胆汁酸和卵磷脂发生改变,导致比例失调,从而产生结石。

(10)视力下降 过多食用甜食会导致血液偏酸性,造成血液中的钙元素含量降低,从而造成眼球巩膜弹性降低,同时也会使睫状肌处于紧张状态,逐渐导致视力下降。

(11)引发疼痛 多糖饮食与炎症关系密切,也会增加某些疼痛的发生率,如加重关节疼痛和肿胀。

(12)脾气变坏 甜食中的糖分消耗了血液中过多的维生素 B_1，造成丙酮酸、乳酸的代谢物不能有效排出，这些物质会使人变得情绪不稳定、爱哭、脾气暴躁。

(13)智商下降 人体体液的 pH 值通常为 $6.8\sim7.5$。儿童吃甜食过多，会使体液酸性偏高，导致智商低下。另外，酸性体质还不利于伤口愈合。

(14)成瘾 甜食吃多了会造成生理和心理上的依赖，其原理与烟瘾类似。吃甜食时人类大脑中会产生多巴安物质，使人感觉愉悦，长期吃甜食使多巴安分泌产生变化，而一旦停止吃糖，就会感到烦躁不安。

35. 为什么咖喱粉不能用铁制器皿贮存？

咖喱粉是由 20 多种原料配制而成的一种香味调料，主要成分为姜黄、胡椒、生姜、胡要菜等，其中姜黄占总量的 $20\%\sim50\%$。姜黄味芳香色橙黄，兼有调味和调色的功效。姜黄耐铁离子性较差，如果用铁制器皿贮存咖喱粉，其中的姜黄易与铁离子发生化学变化，出现变色变味，进而影响咖喱粉调色调味效果。所以，咖喱粉宜用瓷器、玻璃容器以及塑料容器贮存，同时还要注意密闭避光和防潮避湿。

36. 为什么调料不宜购买散装的？

散装的花椒、孜然等调料，一般半年左右味道就会变淡，调味能力减弱，且容易滋生细菌，尤其是一些农贸市场上露天摊床上零售的调料被污染的程度更大，对健康危害很大。所以，一定要买得少而精，不宜购买散装的调味品。

食用油篇

1. 食用油有哪些种类?

食用油也称为食油,是指在制作食品过程中使用的动物或者植物油脂。由于原料、加工工艺以及品质等不同,食用油可分为以下几类:

(1)根据脂肪类型的不同 食用油一般分为动物油、植物油、氢化植物油等。常见的动物油有猪油、牛油、奶油、鸡油等,富含饱和脂肪,在常温下呈固态。植物油富含不饱和脂肪,在常温下呈液态。不饱和脂肪又分为多不饱和脂肪和单不饱和脂肪两种。含多不饱和脂肪较多的植物油有葵花籽油、玉米油(玉米胚芽油)、大豆油、亚麻籽油等。含单不饱和脂肪较多的植物油有橄榄油、茶油(茶籽油)等。氢化植物油又称人造反式脂肪或变异脂肪等。

(2)根据加工纯度和质量的不同 食用油可分为普通食用油、高级食用油两大系列。普通食用油一般是将毛油经过滤除杂、脱胶(或脱酸)、脱水(或脱溶)等简单加工制得,可分为一级油、二级油,一级油的色泽、杂质、水分、酸价等指标都优于二级油。高级食用油主要是指高级烹调油和色拉油,两者品质和外观相近,主要区别在耐低温和用途上。色拉油在 0℃ 条件下冷藏 5.5 小时仍澄清、透明,而高级烹调油就可能出现浑浊。色拉油主要用于凉拌蔬菜、调制色拉、蛋黄酱等生冷食品,在 5℃～8℃ 条件下能保持流动性,而烹调油主要用于家常炒菜。

2. 什么是调和油?

调和油是由两种或两种以上的食用油经科学调配而成的高级食用油。市场上常见的调和油,一种是根据营养要求,将饱和脂肪酸、单不饱和脂肪酸和多不饱和脂肪酸按一定比例调配而成的。这种调和油大多采用菜籽油、大豆油、芝麻油、玉米胚芽油、红花籽油、亚麻籽油等植物油调配。另一种调和油是根据风味调配而成,将香味浓郁的花生油、芝麻油与精炼的菜籽油、大豆油等调和而成,适合讲究菜肴风味的消费者食用。

3. 压榨油与精炼油有哪些区别?

(1)加工工艺不同 压榨油的加工工艺是物理压榨法,而精炼油的加工工艺是化学精炼法。

(2)营养成分不同 压榨花生油具有色、香、味齐全,保留了各种营养成分之特点;精炼油是无色、无味的,经加工后大部分营养成分已被破坏。

(3)原料要求不同 压榨花生油采用的是纯物理压榨法,保留了原材料的原汁原味,所以对原材料要求非常严格,原料要求新鲜,酸价、过氧化值低,因而价格相对偏高。同时,由于只进行压榨,豆饼中残油高,压榨油出油率相对偏低。而化学精炼油是用化学制油方法将油脂从油料中分离出来的油品。它主要采用"六号"溶剂油(六号轻汽油)将大豆原料充分"浸泡",然后高温提取,经过"六脱"工艺(即脱脂、脱胶、脱蜡、脱色、脱臭和脱酸)精炼而成。这种生产方法出油率高、成本低,但食用油中难免有溶剂残留,因此国家对精炼油溶剂残留量有着严格的规定。

有研究显示,未经精炼的植物油中所含的维生素 E 可以防止胡萝卜素、肾上腺素、性激素及维生素 A、维生素 D、维生素 K 的氧化破坏。油脂精炼后被氧化，虽然不易腐败，但是维生素 E 极易被氧化在精炼油中已荡然无存，它只能供应能量，没有其他营养价值。这种油脂越来越普遍，如精炼油、人造奶油等，所以选用新鲜的未经精炼的植物油最好。

4. 为什么食用油不宜购买散装的？

散装食用油大多没有包装标志，是无厂名、厂址，无生产日期、保质期，无质量标准的"三无"产品，存在严重卫生隐患。一次性购进大量食用油更是要不得，因为开盖的油通常存放在厨房里，温度高、湿度大，易滋生细菌；油中的油脂极易氧化酸败，会增加致癌风险。

5. 怎样辨别食用植物油的质量？

(1)看标志 按照国家规定，食用油外包装上必须标明配料表、质量等级、生产日期、保质期和"压榨"或"浸出"的生产工艺，以及是否使用了转基因原料。此外，还要有"QS"标志，即食品安全认证标志。

(2)看包装 印有商品条码的食用油，看其条码印制是否规范，谨防买到随意更换包装标志、擅自改换标签的食用油。选购桶装油，要看桶口有无油迹，如有则表明封口不严，油在存放过程中会加速氧化。

(3)看颜色 一般来说，同一品牌的食用油，一级油较二级、三级油的颜色淡。但不同油脂之间一般没有可比性，这主要与油脂原料、加工工艺有关。

(4)看透明度 透明度是反映油脂纯度的重要感官指标之一。质量好的液态油脂，应呈透明状，无悬浮物和杂质。如果油质浑浊，透明度低，说明油中水分多、黏蛋白和磷脂多，加工精炼程度差;油脂变质后,形成的高熔点物质,也能引起油质的浑浊,透明度低;掺了假的油脂,也有浑浊和透明度差的现象。

(5)看有无沉淀物 食用植物油在 20℃ 以下,静置 20 小时以后所能下沉的物质,称为沉淀物。油脂的质量越高,沉淀物越少。购油时应选择透明度高、色泽较浅(芝麻油除外)、无沉淀物的油。若出现分层现象则很可能是掺假的混杂油。

(6)闻气味 每种食用油均有其特有的气味,这是油料作物所固有的,如豆油有豆味、菜油有菜籽味等。油的气味正常与否,可以说明油料的质量、油的加工技术及保管条件等的好坏。国家油品质量标准要求食用油不应有哈喇、酸败或其他异味。检验方法是将食用油加热至50℃,用鼻子闻其挥发出来的气味。

(7)尝滋味 除小磨麻油带有特有的芝麻香味外,一般食用油多无特殊滋味。油脂滋味有异常,如略带酸味,说明油料质量、加工方法、包装和保管条件等有问题。新鲜度较差的食用油,可能带有不同程度的酸败味。

6. 怎样存放食用油?

(1)选择容器 宜选用陶瓷容器、瓦罐或不透光的深色玻璃容器,并尽量减小瓶口口径。如用主要原料是聚丙烯塑料和增塑剂等物质的塑料瓶(桶)长期存放食用油,塑料中的乙烯单体和增塑剂等物质会溶出。这样,不仅会使食用油加快氧化酸败变质,还会造成聚丙烯的碳链断裂,产生更多的乙烯单体,对食用者健康不利。此外,也不宜在金属容器内存放。实验证明,铁、铜、锰、镍、铝等都具有加速油质氧化酸败的作用。

(2)避光防水 由于阳光中的紫外线和红外线能促使油脂的氧化和加速有害物质的形成,所以储存时应尽量减少与空气、阳光的接触。食用油中不能混入水分,否则容易使油脂乳化,浑浊变质。

(3)防止高温 食用油的氧化速度会随温度的上升而加快,高温可促进氢过氧化物的分解与聚合。所以,应将食用油放在远离炉灶、暖气管道和高温电器等高温的地方。储存温度以 10℃～15℃为宜。

(4)隔绝空气 用后要把瓶盖拧紧,减少与空气的接触时间。桶装食用油一旦开启瓶盖后,最好进行分装,建议用 500～600 毫升的棕色玻璃瓶。

(5)新旧油勿混 用过的油和存放时间过久的油不要与"新"油混合,因为"老油"会催化"新"油的氧化变质。用过的油宜单独倒入一个容器中存放,并尽快用完。

(6)注意保质期 各种食用油的保质期如下:动物油,1 年;菜籽油、花生油、棉籽油、芝麻油、葵花籽油,1.5 年;大豆油、玉米胚油,2 年;橄榄油、茶籽油,2.5～3 年。开封的食用油宜在 3 个月内吃完。

(7)添加抗氧化剂 食用油中的维生素 E 很容易被阳光中的紫外线破坏,而维生素 E 又是保证食用油不变坏的主要成分。若食用油需长时间储存,可选用花椒、小茴香、肉桂、丁香、维生素 E 等抗氧化剂少许加入油中,以防止氧化变质。

(8)清洗油壶 若长时间不清洗油壶,壶里沾满了已经氧化的旧油,而这些旧油又会大大加速新油的氧化变质。所以,装油前油壶应适当清洗,或至少 2～3 个月清洗 1 次。

7. 炸过食物的食用油可以吃吗?

炸过食物的食用油营养价值会大大降低,其热量的利用率只有正常油脂的 1/3 左右,同时其中的维生素及脂肪酸等营养成分所剩无几,而且油脂中的不饱和脂肪和饱和脂肪经过长时间加热,会产生醛酮类、烃类、醇类,甚至反式脂肪酸等对人体健康有毒有害的物质。

不过,这类食用油不是绝对不能食用,根据不同的情况,采取不同的处理方法和原则。首先,看其色泽、黏稠度和杂质有多少。如果颜色很深、黏稠度大且杂质多,就不宜再食用;反之,处理后食用。食用前,应将油脂先静置一段时间,使其沉淀,弃去底部渣子。食用时应遵循以下原则:在避光密封的环境中保存;存放时间不宜过长;避免再次高温加热。

由于这些食用油不适合再次加热食用,所以可用于做饺子、包子、合子等的馅料;制作抻面、拉面等面食时,用作抹油;制作拌凉菜时,当香油用;制作炖菜时,放些剩油,可省去加热炝锅;炒菜时可用少量新油炝锅,等主料下锅后,再加入适量剩油。

8. 怎样选用不同的油来烹调菜肴?

(1)炒菜 可选用沸点较高,不易出油烟的一级油,如花生油、豆油和菜籽油等比较适宜炒菜。

(2)凉拌菜 可选用橄榄油或芝麻油。二者不饱和脂肪酸含量均较高,不适于加热。凉拌的方式能够较好地保留其中的营养成分。

(3)煲汤 在煲汤后滴一点油,可以增加汤的口感。通常来说,芝麻油和花生油较为适合。

(4)煎炸 棕榈油的耐热性相当好,所以适宜用作煎炸食品。

(5)炖菜 大豆油中亚油酸含量占绝对优势,含有少量 α-亚麻酸,适宜炖菜用。

9. 为什么炒菜时不能等油冒烟时再下菜?

一般烹调者在烧菜时习惯等到锅中油冒烟时才放入菜肴原料,甚至用"过火"炒菜。认为这样炒出来的菜才会香、入味,其实,这是一种误区。油锅一旦冒烟,表明油温已超过 200℃,这时油中的脂溶性维生素破坏殆尽,人体各种必需的脂肪酸也大都被氧化,食油的营养价值也会大大降低。当食材与高温油接触后,食材中的各种维生素,特别是维生素 C 也会大量损失。同时,食油在高温条件下还会产生丙烯醛等对人体健康有毒有害的物质。如果长时间食用高温食油烹制的菜肴,可使人体某些代谢酶系统受损,导致人体未老先衰,危害身体健康。另外,会进一步加重厨房内空气污染程度,加剧对烹饪者机体的肺脏毒性、免疫毒性、遗传毒性和潜在致癌性。因此,烹调时,油温不可过高,不能让油锅冒烟,更不可"过火",少用煎炸烹调方式。同时,应注意厨房通风,以降低室内空气的污染程度。

10. 为什么晚餐不宜太油腻?

傍晚,血液中胰岛素的含量升高,而升高的胰岛素可使血脂转化成脂肪贮存在腹壁之下,使人日益肥胖,终至大腹便便。晚餐太油腻,会使血脂量骤然升高,加上睡眠时,人的血流速度明显减慢,大量血脂便易沉积在血管壁上,造成动脉粥样硬化,诱发高血压、冠心病。我国古代《东谷赘言·饮食篇》中指出:"晚餐多食者五患:一患消化不良,二患扰睡眠,三患身重不堪修业,四患大便数,五患小便数。"因此,早餐应该丰盛些,最好摄入全天所需热量的 30％ 左右;晚餐应少食,清淡,摄入热量不超过全天的 30％。

11. 油炸食品对人体健康有哪些危害?

食品在高温油炸时会产生对人体健康有毒有害的物质,如大部分油炸、烤制食品,尤其是炸薯条等淀粉类食品中含有高浓度的丙烯酰胺,俗称丙毒,是一种致癌物质。食品经高温油炸后,其中的蛋白质和维生素等各种营养素被严重破坏,营养价值大大降低,所以长期食用会导致营养缺乏。油炸食品脂肪含量多,不易消化,食后可能出现恶心、腹泻、食欲不振等症状,长期食用会导致消化不良、上火、便秘、肥胖,并引发一系列健康问题。

12. 香油有哪些营养功效?

(1)延缓衰老 香油中含丰富的维生素 E,具有促进细胞分裂和延缓衰老的功能。

(2)保护血管 香油中含有 40% 左右的亚油酸、棕榈酸等不饱和脂肪酸,容易被人体吸收和利用,以促进胆固醇的代谢,并有助于消除动脉血管壁上的沉积物。

(3)润肠通便 习惯性便秘患者,早、晚空腹喝一口香油,能润肠通便。

(4)减轻咳嗽 睡前喝一口香油,第二天起床后再喝一口,咳嗽能明显减轻。

(5)减轻烟酒危害 有抽烟习惯和嗜酒的人经常喝点香油,可以减轻烟对牙齿、牙龈、口腔黏膜的直接刺激和损伤,以及肺部烟斑的形成,同时对尼古丁的吸收也有一定的抑制作用。饮酒之前喝些香油,则可对口腔、食管、胃贲门和胃黏膜起到一定的保护作用。

(6)保护嗓子 香油能增强声带弹性,使声门张合灵活有力,对声音嘶哑、慢性咽喉炎有良好的恢复作用。

13. 怎样鉴别香油质量?

(1)辨色 纯香油呈红色或橙红色,机榨香油比小磨香油颜色淡,香油中掺入菜籽油则颜色深黄,掺入棉籽油则颜色深红。

(2)闻味 香油香味醇厚、浓郁、独特,如掺入花生油、豆油、精炼油、菜籽油等则不但香味差,而且会有花生、豆腥等其他气味。由食用香精勾兑而成的香油,嗅感比较差。

(3)水试 用筷子蘸一滴香油滴到平静的凉水面上,纯香油会呈现出无色透明的薄薄的大油花,而后凝成若干个细小的油珠。掺假香油的油花小而厚,且不易扩散。

14. 炸鱼用菜籽油好吗?

炸鱼酥脆鲜美,很多人都爱吃。但在炸鱼时,鱼类最有营养的成分——不饱和脂肪酸会损失一半。选用一级菜籽油炸鱼,营养损失少。因为菜籽油起烟点偏高,且在高温下稳定,不易产生有害物质;并且油酸和亚油酸相对较低,在油炸时可减少鱼中的不饱和脂肪酸溶解到油中。

15. 怎样食用亚麻籽油?

高温会破坏亚麻籽油中的敏感性脂肪酸,所以亚麻籽油适宜低温烹调,如做凉拌菜。如果口服最好将亚麻籽油与其他食物调和食用,这样才能使其乳化,从而保证更好地吸收必需脂肪酸 α-亚麻酸。亚麻籽油开封后密封置于冰箱或阴凉干燥处保存最佳。

另外,产妇用亚麻籽油制作的麻油猪肝、猪腰、麻油鸡等月子餐,对恶露顺利排出、促进子宫收缩、剖宫产手术刀口愈合有益,对妇女产后恢复极有帮助。同时,生理期、更年期女性食用也大有好处。

16. 为什么熬猪油忌用大火?

日常饮食中常用的动物油(也称荤油)大都是用猪网油、板油和肥膘熬制而成。有人认为大火熬出油快,但是大火熬出的油对人体健康不利。因为高油温(可达230℃)会产生丙烯醛等对人体健康有毒有害的物质;产生焦臭味,会刺激口腔、食管、气管及鼻黏膜,导致咳嗽、眩晕、呼吸困难和双目灼热、结膜炎、喉炎、支气管炎等。因此,熬猪油不宜用大火,火候以油从周围向里翻动、油面不冒青烟为宜。

17. 反式脂肪酸对人体健康有哪些危害?

反式脂肪酸又名氢化脂肪酸,是一种不饱和脂肪酸,是广泛使用的食品添加剂。反式脂肪酸的危害如下:①干扰必需脂肪酸的利用,并造成中枢神经系统发育障碍。②造成生育能力下降。③与大脑衰老有关,会促进老年痴呆症的发生。④使人长胖的"能力"是正常不饱和脂肪酸的 7 倍。即使每天吃的能量不超标,常年吃也会让人腰腹堆积肥肉。⑤降低胰岛素的敏感性,强力促进糖尿病的发生。⑥增加血液中低密度脂蛋白胆固醇含量,增加患冠心病的危险。⑦增加人体血液的黏稠度,易导致血栓形成。⑧诱发肿瘤、哮喘、Ⅱ型糖尿病、过敏等病症。

鉴于上述原因,目前许多国家和地区已经开始生产低含量或无反式脂肪酸的产品。

18. 为什么地沟油不能吃?

地沟油,泛指在生活中存在的各类劣质油,如回收的食用油、反复使用的炸油等。地沟油可分为以下几类:一是狭义的地沟油,即将下水道中的油腻漂浮物或者将宾馆、酒楼的剩饭、剩菜(通称泔水)经过简单加工、提炼出的油;二是用各类肉及肉制品加工废弃物等非食品原料,如动物内脏、下水等加工提炼的油;三是生产油炸食品的油,使用次数超过规定要求后,再被重复使用或往其中添加一些新油后重新使用的油。虽然地沟油的主要成分仍是甘油三酯,但其在炼制过程中,会发生酸败、氧化和分解等一系列化学变化,含有砷、铅、黄曲霉菌素、苯并芘及醛等多种对人体健康有毒害作用的物质。长期食用地沟油会使人消化不良、发育障碍,易患肠炎,肝、心和肾肿大以及脂肪肝等病变,甚至诱发癌症。

地沟油经过脱色、脱臭、脱酸等一系列加工处理后,是很难通过简单的视觉和嗅觉等方法来鉴别的,需要通过相当繁琐的实验室检测方能准确鉴别。因此,从当前形势而言,需要国家加大执法力度,从行政措施和价格杠杆等方面入手,管住地沟油的来源,让餐饮业的废油剩菜不再倒入地沟,避免造成环境污染和构成食品安全隐患,同时建立正常、顺畅的回收渠道,使其变成燃料油、化工用品和生物肥料,实现废物资源的有效利用。

饮 品 篇

1. 怎样煮豆浆最有营养?

黄豆是高蛋白质食物,含钙量很高,且富含赖氨酸和易被人体吸收利用的铁,但同时也含有大量影响钙质吸收的植酸。如果喝用干豆榨出来的豆浆,其中的钙吸收有限,造成浪费。泡豆方法:黄豆用清水泡 3 天,这样里面的植酸基本被泡掉了,此时黄豆不但出浆率高,而且不会影响人体对钙质的吸收。如果泡出点小芽来,发芽过程中植酸被分解,而且发芽后还增加了许多维生素 C,这时再用它们来榨豆浆,营养会更丰富。泡豆子的过程中,需要每天早、晚各换 1 次水,以免豆子泡臭。

黄豆浸泡一段时间后,水色会变黄,水面会浮现很多水泡。这是因为黄豆碱性大,经浸泡后发酵所致。尤其是夏天,泡过黄豆的水容易产生异味,变质并滋生细菌。用泡过豆的水做出的豆浆有碱味,不鲜美,也不卫生。人喝了这种豆浆,可能导致腹痛、腹泻、呕吐。因此,做豆浆前,应将浸泡过的黄豆用清水冲洗几遍,洗掉黄色碱水,再换上清水制作。

生豆浆中含抗营养因子,喝后会产生恶心、呕吐、腹泻。豆浆煮到 80℃时,会产生假沸现象,这时,继续煮 3~5 分钟,才能破坏其中的有害物质。

2. 喝豆浆有哪些注意事项?

豆浆中含有丰富的植物蛋白、磷脂、B 族维生素、烟酸和铁、钙等矿物质,尤其是钙的含量,虽不及豆腐高,但比其他任何奶类都丰富。豆浆是防治高血脂、高血压、动脉硬化等疾病的理想食品。多喝鲜豆浆可预防老年痴呆症,防治气喘病。豆浆对于贫血病人的调养,比牛奶作用要强,以喝热豆浆的方式补充植物蛋白,可以使人的抗病能力增强。

女性,特别是更年期女性可以多喝一些豆浆。因为大豆异黄酮相当于植物雌激素,能调节中老年妇女内分泌系统,减轻并改善更年期症状,延缓衰老。青少年女性喝豆浆,则可减少面部青春痘、暗疮的发生,使皮肤白皙润泽。

值得注意的是,长期食用豆浆的人需要补充微量元素锌。

豆浆虽好,但有些人不宜喝。

(1)急性胃炎和慢性浅表性胃炎、胃溃疡患者 豆类中含有一定量低聚糖,可以引起嗝气、肠鸣、腹胀等症状,所以胃炎和慢性浅表性胃炎患者最好少饮。

(2)肾衰竭患者 胃炎、肾衰竭的病人需要低蛋白饮食,而豆类及其制品富含蛋白质,其代谢产物会增加肾脏负担,宜禁食。

(3)肾结石患者 豆类中的草酸盐可与肾中的钙结合,易形成结石,会加重肾结石的症状,所以肾结石患者也不宜食用。

(4)痛风患者 大豆含嘌呤成分很高,且属于寒性食物,所以痛风患者及乏力、体虚、精神疲倦和虚寒体质者均不适宜饮用豆浆。

另外,豆浆中加糖不宜在煮沸时,否则豆浆中的蛋白质与糖发生化学反应,使其不易被吸收,宜晾凉饮用时加入红糖、白糖、蜂蜜。

3. 哪些人不宜喝绿豆汤?

中医学认为,绿豆性凉、味甘,有清热解毒、消暑除烦、止渴健胃的功效。从食疗的角度来说,食物的温热、寒凉等天然属性应与摄食者的体质状况保持一致,才能起到保健作用。因此,以下人群不宜饮用绿豆汤。

(1)寒凉体质者 寒凉体质的人表现四肢冰凉乏力、腰腿冷痛、腹泻便溏等,饮用绿豆汤会加重症状,甚至引发其他疾病。

(2)老年人、儿童以及体质虚弱者 因为绿豆中蛋白质含量比鸡肉还多,大分子蛋白质需要在酶的作用下转化为小分子肽、氨基酸才能被人体吸收。上述人群的胃肠功能较弱,很难在短时间内消化绿豆中的植物蛋白质,容易因消化不良导致腹泻。

(3)服药者 绿豆中的蛋白质等与有机磷、重金属结合产生沉淀物,不仅有解毒作用,也会与药物的相关成分反应,从而降低药效。

4. 为什么绿豆不能做豆浆?

绿豆属于高淀粉豆类,含有 50%～60% 的淀粉,蛋白质和脂肪含量较少,能做成粉丝、豆沙和各种小点心,不适合做豆浆。黄豆中加 30% 左右的绿豆、红豆一起做豆浆,既增加了脂肪和蛋白质,又达到了营养成分相互补充、有益于身体健康的目的。

5. 为什么绿豆汤要趁热喝?

绿豆汤呈绿色,主要是绿豆皮的功劳。绿豆汤能清热解毒,是因为绿豆皮中含有多酚类物质,多酚类物质只要接触氧气,非常容易氧化成醌类物质,并继续聚合成颜色更深的物质。颜色变红的绿豆汤在营养成分上并没有什么损失,但其清热解毒的效果就大打折扣了。因此,绿豆汤趁热喝为好。

6. 果汁饮料有哪几类?

(1)现榨果汁 采用机械方法将水果加工制成未经发酵汁液,其中有原水果果肉的色泽、风味和可溶性固形物。现榨果汁要现榨现饮,不宜放置时间过久,否则很易变质。

(2)**100%果汁** 在浓缩果汁中加入果汁浓缩前失去的等量的水,制成的具有原水果果肉的色泽、口味和可溶性固形物含量的制品。一般来说,果汁酸性越大,维生素 C 能够保存的时间就越长,因为维生素 C 在酸性条件下最稳定。山楂汁、柑橘汁、葡萄汁等开封之后,可以在冰箱中存放 3～5 日,而酸度较低的桃汁、梨汁等,最好在开封后 2 日内喝完。

(3)**果汁饮料** 在果汁或浓缩果汁中加入水、糖液、酸味剂等调制而成的清汁或浑汁制品,其成品中果汁含量不低于 10%。

7. 饮用新鲜果汁有哪些注意事项?

(1)**泡沫一起饮用** 鲜榨果汁营养、美味又便捷。鲜榨果汁时果汁上面总会有厚厚一层小泡沫,这些泡沫中含有很多具有整理人体内环境、消炎抗菌、净化血液、增强免疫及细胞复活作用的酵素。因此,酵素对抵抗疾病、延缓衰老等都非常重要。酵素易被氧化,时间稍长就会丧失活性。因此,鲜榨果汁一定要现榨现喝,并尽快把泡沫喝掉;酵素对温度很敏感,不建议将果汁加热再喝,同时保留各种维生素活性和香气。

(2)**不加糖** 加糖会增加热量。

(3)**不与牛奶同饮** 牛奶含有丰富的蛋白质,而蔬果汁会使蛋白质在胃中凝结成块,影响吸收,从而降低牛奶和果汁的营养价值。

(4)**不用果汁送服药物** 果汁中的果酸容易导致各种药物提前分解和溶化,不利于药物的吸收利用,影响药效。

(5)**某些病人不能饮用** 溃疡、急慢性胃肠炎患者以及肾功能欠佳的人不宜喝果汁。

8. 怎样选购果汁饮料?

(1)看标签 标签上标有原果汁含量,消费者可据此判断饮料与其名称是否一致。

(2)看包装 看有无渗漏和胀气现象。瓶装或罐装饮料的瓶口、瓶身不得有糖渍和污物;软包装饮料用手捏不变形,同时瓶盖、瓶身等不得凸起。

(3)看外观 不带果肉的透明型饮料应透明,无漂浮物和沉淀物;不带果肉且不透明型饮料应均匀一致,不分层;果肉型饮料可见细微果肉,允许有一定的沉淀。

9. 为什么果汁不能久存?

很多人将果汁买回家后,往往要放一段时间才能喝完。殊不知,这段时间里果汁的主要营养成分已经丧失很多,有些甚至完全消失了。

现榨果汁保存了水果中的主要养分,但其中的维生素化学性质不稳定,会渐渐地分解,失去活性;一些微量的生理活性物质也会逐渐损失。此外,果汁储存久了,其中的风味物质和天然色素也会逐渐减少,味道会越来越淡,营养价值下降。

10. 为什么喝果汁不能代替吃水果?

首先,市售果汁饮料及蔬菜汁饮料一般都含有色素、防腐剂等添加剂,多饮对身体无益。其次,果蔬汁饮料与水果蔬菜比较,其最大的不足,还在于缺少果蔬皮和肉,使纤维素严重缺乏。食物纤维素被医学界称为"第七营养素",是人体的必需营养素,分为水溶性和水不溶性两类。以果胶为代表的水溶性纤维,有预防和减少糖尿病、心血管疾病的保健功效;而水不溶性纤维具有刺激肠道蠕动和促进排便的作用。食物纤维能影响大肠细菌的活动,使大肠内胆酸生成量减少,并能稀释肠内有毒物质,使粪便变软,通过肠道的时间缩短,减少致癌物与肠黏膜的接触时间,因而可预防肠道癌变。这对老年人尤为需要,因为老年人的胃肠功能普遍下降,肠蠕动缓慢,肠内乳酸菌减少,因而应保持膳食中适量的纤维素,特别是粗纤维,是治疗便秘、预防肠道疾病必不可少的营养素。因此,饮果汁不等于吃水果。

11. 果汁有沉淀好吗?

有研究发现,有沉淀的果汁因为含有更多的抗氧化剂,其益处远比清澈透明的果汁要多。带果肉的果汁中,保留了水果中更多的纤维素,对人体健康非常有利;有沉淀的果汁含抗氧化剂量大,可以降低动脉硬化的风险,减少心血管疾病的发生。而一些商家为了使果汁没有沉淀加入稳定剂的做法,实在是画蛇添足。

12. 进餐时饮用果汁有哪些说法?

早餐时喝上一杯新鲜的果汁或纯果汁,可以补充身体需要的水分和营养。但需要注意的是,空腹时不要喝酸度较高的果汁,应先吃一些主食再喝,因果汁的酸度会直接影响胃肠道的酸度,大量的果汁会冲淡胃消化液的浓度,其中的果酸还会与膳食中的某些营养成分结合影响这些营养成分的消化吸收,使人感到胃部胀满,没有食欲,饭后消化不好。所以,空腹时不要喝,除早餐外,中餐和晚餐要尽量少喝,两餐之间可以适量喝。

13. 为什么2周岁内的婴幼儿不宜喝纯果汁?

为让孩子得到更好的营养,很多家长在家榨果汁给孩子喝。不过专家提醒,2周岁以下婴幼儿不宜饮用鲜榨果汁。

　　首先,鲜榨果汁中过量的糖分会使幼儿肠道内的渗透压过高,对肠道产生不良的刺激。其次,鲜榨果汁中含有的矿物质比较多,会加重婴幼儿肾脏负担,导致肾脏排泄困难。此外,因为孩子的味觉比较敏感,如果太早给孩子喝鲜榨果汁,他们的味蕾适应了较强的味觉刺激,就容易形成嗜甜、高盐甚至偏食的饮食习惯。

　　如果给孩子饮用鲜榨果汁,应在果汁里添加一定量的白开水或米汤。

14. 如何鉴别餐馆里鲜榨果汁的质量?

　　很多餐馆的鲜榨果汁颜色鲜艳、口味香甜,价格不菲。但是,过于鲜艳、香甜的果汁有可能不是100%鲜榨,要细心分辨。

　　目前,对餐馆自制的鲜榨果汁并没有相关标准,消费者也不易分辨。其实任何水果都不可能非常甜,所以100%的鲜榨果汁不会太甜,颜色也比较暗淡,气味自然而不浓郁。因此,如果鲜榨果汁异常香甜和鲜艳,可以用餐巾纸擦拭器皿内壁,如果纸上留下的颜色鲜艳而且长时间不褪色,则有勾兑和添加色素的嫌疑。此外,真正的鲜榨果汁黏稠度高、流动性差,勾兑的果汁看上去很清澈。

15. 瓶装茶饮料营养价值高吗?

　　茶饮料是指用水浸泡茶叶,经抽提、过滤、澄清等工艺制成的茶汤或在茶汤中加入水、糖液、酸味剂、食用香精、果汁或植(谷)物抽提液等调制加工而成。经过工业化生产的茶饮料,其主要营养成分茶多酚、维生素C、B族维生素等的含量会降低,而添加的精制白糖、香精、山梨酸等添加剂没有任何营养价值。过多饮用茶饮料会造成升糖指数增高,容易引起肥胖、糖尿病、高血脂、脂肪肝等代谢性疾病。因此,瓶装茶饮料不宜多喝,尤其是青少年。

16. 喝咖啡有哪些宜与忌？

宜：

(1)防抑郁 实验表明，一般人一天吸收 300 毫克的咖啡因，对情绪产生良好的影响。

(2)防辐射 电器辐射是目前最严重的一种射线污染。常喝咖啡可以防止放射线伤害，所以长时间使用电脑者，可适量饮用咖啡。

(3)能减肥 咖啡能促进消化，加速新陈代谢，有助于减肥。用咖啡粉泡澡也有减肥的作用。

(4)防疾病 咖啡因能刺激胆囊收缩，减少胆汁内的胆固醇，降低患肝硬化和胆结石的可能性。

(5)消除疲劳 咖啡里面含有多种营养成分，如 B 族维生素、游离脂肪酸、咖啡因、单宁酸等，可消除疲劳，振奋精神。

忌：

(1)忌空腹饮用 空腹不宜喝咖啡，也不宜边吃饭边喝咖啡，以免影响胃肠对食物中营养物质的吸收；每天喝咖啡的量不宜超过 3 杯，一次以 1 杯为宜(50～100 毫升)。喝咖啡的最佳时间是饭后 1 小时，而且咖啡需趁热喝，冷咖啡的口感会大打折扣。

(2)忌酒后饮用 酒与咖啡不可同饮，否则会加重酒精对人体的损害。如酒后即饮咖啡，可使大脑由极度兴奋转入极度抑制，刺激血管扩张，加快血液循环，增加心血管负担。

(3)忌与烟同用 咖啡中的咖啡因在香烟中尼古丁的诱导作用下，容易使身体中组织发生突变，甚至导致癌细胞的产生。

(4)忌浓度过高 浓度过高的咖啡，会使人体肾上腺素骤增，以致发生心跳加快、血压升高，并出现焦躁、不安、耳鸣、颤抖等症状。

(5)忌放糖过多 加糖过多，会使热量倍增，长期饮用会使人体发胖；同时，会反射性地刺激胰脏中的胰岛细胞分泌大量胰岛素,使血糖降低,极易导致低糖血症。

(6)忌睡前饮用 咖啡中的咖啡因可使人兴奋,睡前喝咖啡会夜不成寐。建议晚上 6 时之后不喝咖啡,以免失眠。

(7)忌饮后剧烈运动 运动前饮用咖啡,可能会对心脏造成不良影响。因为咖啡因会限制运动过程中心肌的血流量,从而增加肠胃负担。饮用咖啡 40 分钟后,咖啡因才会被人体吸收。

(8)忌长时间沸煮 咖啡长时间煮沸会导致泡沫密度的破坏与芳香物质的蒸发,使口感降低。

(9)忌长期大量饮用 咖啡中的咖啡因可妨碍钙的吸收,长期饮用可引起骨质疏松。因此,长期喝咖啡的人,每天至少应喝 1 杯牛奶,或适当多吃些含钙食物。

另外,患有心血管病、溃疡病和胃酸过多的胃炎、神经系统兴奋过盛、失眠患者均应忌饮咖啡,以免加重病情。孕妇不宜喝咖啡。有研究发现,每天饮 1 杯咖啡的妇女比不饮咖啡的妇女易患不孕症。

17. 果醋有哪些保健功效?

果醋是以水果,包括苹果、山楂、葡萄、柿子、梨、杏、柑橘、猕猴桃、西瓜等,或果品加工下脚料为原料,利用现代生物技术酿制而成的一种营养丰富、风味优良的酸味调味品,是集营养、保健、食疗为一体的新型饮品。

(1)降低胆固醇 果醋中富含的烟酸和维生素能促进胆固醇经肠道随粪便排出,使血浆和组织中胆固醇含量减少。研究证实,心血管病患者每天服用 20 毫升果醋,6 个月后胆固醇平均降低9.5%,中性脂肪减少 11.3%,血液黏度也有所下降。

(2)防癌抗癌 果醋中富含维生素 C,具有强大的抗氧化性,能防止细胞癌变和细胞衰老,还可阻止强致癌物亚硝胺在体内的合成,促使亚硝胺分解,降低其在体内的含量,防止胃癌、食管癌等疾病的发生。

(3)预防心脑血管疾病 山楂等果醋中含有可促进心血管扩张、冠状动脉血流量增加、产生降血压效果的三萜类物质和黄酮成分,对高血压、高血脂、脑血栓、动脉硬化等疾病有防治作用。

(4)抗菌消炎、防治感冒 醋酸有极强的抗菌作用,可杀灭多种致病细菌。此外,醋对腮腺炎、体癣、灰指(趾)甲、胆道蛔虫、毒虫叮咬、腰腿酸痛等症状具有一定的疗效。

(5)开发智力 果醋中的挥发性物质及氨基酸等具有刺激大脑神经中枢的作用,并具有开发智力的功效。果醋还可防止体液酸化。医学研究发现,人体大脑的酸碱性与智商有关,大脑呈碱性的孩子较呈酸性的孩子智商高。

(6)美容护肤、延缓衰老 过氧化脂质的增多是导致皮肤细胞衰老的主要因素。经常食用果醋能抑制和降低过氧化脂质的形成,延缓衰老。另外,果醋中所含有的有机酸、甘油和醛类物质可以平衡皮肤的pH值,控制油脂分泌,扩张血管,加快皮肤血液循环,有益于清除沉积物,使皮肤光润。经常饮用果醋,能使皮肤光洁细嫩,皱纹减少,容颜滋润洁白。

(7)减肥 果醋中含有丰富的氨基酸,不但可以加速糖类和蛋白质的新陈代谢,而且还可以促进体内脂肪分解,使人体内过多的脂肪燃烧,防止堆积。长期饮用果醋具有减肥功效。

饮用果醋有以下几点注意事项:①避免空腹饮用果醋,以免刺激过多胃酸,伤害胃壁。建议在两餐之间或饭后1小时饮用。②天然酿造的原醋最好在饮用前加水稀释,稀释后如果不能一次喝完,应冷藏保存,并尽早喝完,以保持活性及疗效。③中年妇女、老年人等易患骨质疏松者,少量喝醋可以加强钙质的吸收,但不宜天天饮用,否则会妨碍钙质的正常代谢,加重骨质疏松。

果醋不适合人群:胃酸过多的人或胃溃疡患者、痛风患者和糖尿病患者以及正在服用某些西药者。

18. 看中医前不能喝哪些饮品?

中医看病讲究"四诊",即望、闻、问、切。其中,望舌象尤为重要,它直接关系到寒热虚实辨证。因此,看中医前不宜喝牛奶、豆浆等使舌苔变白腻的乳白色饮品。此外,还需注意不宜进食以下食品:①橄榄、乌梅、杨梅等深颜色食品,这些食物容易使舌苔变黑,造成误诊。②酒、辣椒或过热性食品,使气血运行加快,舌质变红,舌苔减少,脉搏增加,影响对疾病的诊断。③咖啡、橘子等黄色食物,会使舌苔变黄,易造成误诊。④花生、瓜子、核桃等含脂肪多的食品也会使舌苔白腻,造成误诊。

19. 奶白色的汤有营养吗?

在饭店点的汤大部分呈奶白色,比较常见的有鸡汤、老鸭汤、鱼汤、菌汤等,这些奶白色的汤香浓可口。很多人认为,这些白色的汤中富含蛋白质,非常有营养。但事实却并非如此。奶白色只是脂肪微滴均匀分布在水中,形成的一种乳化现象。使汤呈现奶白色的原理是,高度沸腾的水把油脂的脂肪球打碎,变成大小不等的脂肪球溶解在水中,在有乳化性能的蛋白质(如酪蛋白)等的作用下,使微小的脂肪球均匀地分散在水里形成稳定的脂肪微滴,当光线遇到这些小微滴的时候发生散射,使其呈奶白色的。也就是说,脂肪含量越高,汤汁越容易熬煮成奶白色,而与汤的营养价值是没有多大关系的。

要成功地制作奶汤,就需要提供富含脂肪的食材和富含可溶性蛋白质的材料。餐馆里的奶白色汤,有的加入牛奶熬制,其营养价值高。而有的是经过油煎后熬制的,如鲫鱼汤,这类汤脂肪含量较高。还有的往汤里加的是植脂末(又称奶精),它是以氢化植物油、酪蛋白为主要原料的新型添加剂,对身体有害无益,这种做法成本低且消费者很难辨别。此外,把蛋黄酱加入沸水中搅匀,也很容易得到奶白色的汤。

长时间熬煮的浓肉汤、浓鱼汤里含有大量的脂肪以及嘌呤等,对于高血脂、肥胖以及患有痛风病人不适合饮用,即使是健康人每周也不宜超过 2 次。

20. 茶叶是怎样分类的?

按制作工艺分,包括绿茶、青茶、黄茶、白茶、红茶和黑茶。

按季节分,包括春茶、夏茶、秋茶和冬茶。

按生长环境分,包括平地茶和高山茶。

将上述几种常见的分类方法综合起来,我国茶叶可分为:①基本茶类,包括绿茶、红茶、青茶、白茶、黄茶、黑茶;②再加工茶,包括花茶、紧压茶、液体茶、速溶茶及药用茶等;③药茶,如午时茶、姜散茶、益寿茶、减肥茶等;④花茶,如茉莉花茶、桂花茶等,其中以茉莉花茶最多。

从世界范围来看,红茶的数量最多,其次是绿茶,以白茶最少。

21. 喝茶有哪些益处?

茶叶中含有维生素、氨基酸、多种矿物元素、儿茶酚和脂多糖等多种营养成分,具有提神、止渴、消腻、健脾、利尿等作用。茶叶中的糖类、果胶、氨基酸与唾液发生化学反应,能生津止渴;青叶醇、青叶醛等芳香族化合物,能去腻消食、开胃理气;儿茶素能降血压活络,增强血管壁的弹性。浓茶能杀菌消炎、收敛止泻,可作为肠炎、痢疾的辅助治疗。茶叶中的咖啡因,能振奋精神、消除疲劳。茶叶含有丰富的氟化物,能坚固牙釉质,并防止口腔中形成过量的酸性物,预防龋齿和牙周炎。茶中的多酚类物质可增强人体对低气压的适应能力。茶叶中含有可抵制放射性元素辐射的物质。新近发现绿茶还有防癌、抗癌的功能。

22. 怎样鉴别茶叶的品质？

(1)外形鉴别

①条索　主要评比茶叶条索的紧结或粗松、重实或轻飘、匀整或花杂、挺直或弯曲、芽头多或少以及是否有锋苗,以确定原料的老嫩和做工的精细程度。

②色泽　先看色泽是否纯正,即是否符合该茶类应有的色泽,然后再看色泽的深浅、枯润、阴暗、新陈以及是否调和或花杂等。凡茶叶色泽调和一致、光泽明亮、油润鲜活者,通常为原料细嫩或做工精良的产品,品质优良;若色泽花杂、死灰枯暗的茶叶,多为原料粗老或制作粗糙的产品,品质较次。

③整齐度　在茶叶拼配时,使用的面张茶、中段茶和下盘茶的比例是否恰当。面张茶使用过多,汤色滋味必然较淡;下盘茶太多,则茶叶断碎,茶汤转暗,滋味偏涩。一般要求上、中、下三档茶搭配适当,平伏匀齐,不脱节。

④净度　茶叶是人们日常重要的饮品,加工必须符合卫生规定。对非茶类夹杂物或严重影响品质的杂质,必须拣剔干净,禁止混入。此外,根据茶梗、茶籽、茶朴含量多少,评定品质。

(2)内质鉴别　包括茶叶的香气、滋味、汤色、叶底四个方面。

①香气　首先鉴定茶叶香气是否正常,有无异味;其次区别茶叶香气的类型、浓淡和清浊;最后鉴定茶香的持久程度。一般高档茶,往往具有花香、果香或蜜糖香等怡人香气。香气以高而长、鲜爽馥郁为好;高而短为次;低而粗更次。有青老气,大都是原料较差所致。有烟、馊、霉烂、焦、老火等气味,均为加工技术过失或包装贮运等环节不当所致。

②滋味　茶汤的正常滋味,以不苦涩为好。涩味是多酚类物质太多所致;苦味主要是花青素过多所致;咖啡因虽微苦,但在一

般茶汤中其量很少,不容易感觉到。凡茶味好的,多酚类物质和咖啡因都有适当的配合量。

茶汤滋味的好坏和香气关系较为密切,通常香高的大都味厚,香低的大都味差。因此,通常把香气和滋味合并为香味来评定茶叶的品质。

评定茶汤,主要是尝辨滋味的浓度、淡薄、清浊、强弱、浊钝、甜和、苦涩、醇和,是否有刺激、劣变等。一般来说,品质好的茶汤,是先微苦而后甜。若先不苦而后苦的,则是品质不好的茶;若先苦后也苦的,则是最差的茶。

③**汤色** 主要评比汤色的深浅、明暗、清浊、新陈以及色泽的性质。深厚的汤色会发亮,暗浊的汤色无光彩。汤色清的,鲜明而有色层,淡的不明亮。汤色暗浊的,一般是陈茶和霉茶。细嫩的新茶,有清澈的汤色。色深不浊而又味浓的,是细嫩而新鲜的好茶。

④**叶底** 包括色泽和嫩度两个内容。评比色泽时,先检视其是否具有该茶类应有的色泽特征,而后辨别其明亮、枯暗、有无花杂等。嫩度是评比叶张的软硬、粗嫩,芽的多少以及匀齐程度。

23. 怎样鉴别真假茶?

(1)看叶形 真茶叶的外形,有羽状的网脉,有锯齿状的叶缘,叶背有茸毛,叶组织内有草酸钙星状结晶体;假茶叶没有上述特征。

(2)看色泽 新茶有它固有的色泽,如红茶呈褐黑色,乌黑而油润;绿茶呈灰绿色或翠绿色,青茶呈青翠色或青乌色,富有油光;假茶就没有上述特征。

(3)看条索 真茶的条索细,身骨较重实;假茶不成条索,身骨较轻飘。

（4）**闻香味** 真茶含有茶素和芳香味油,闻时有清鲜的茶香,如用沸水冲泡,茶味显露,饮之爽口;假茶不含茶素和芳香油,闻时没有茶香,且有一股清香味、异味或杂味。

假茶叶大多是金银花叶、蒿叶、嫩柳叶、榆叶、枣树叶、石楠芽、枸杞芽、枇杷芽、皂角芽、槐芽、栎芽等冒充的。

24. 怎样保存茶叶?

（1）**控制湿度** 成品茶叶自身含水量较低,容易吸潮发霉变质,不能饮用。所以,应将茶叶放在密闭容器内,并保持干燥。若茶叶中含水量过高,可用干净的器具温火炒干或烘干后再贮存。

（2）**控制温度** 若贮存环境温度较高,会促使茶叶吸湿变质。在环境温度 0℃~5℃ 条件下,能长时间保持其原有的色泽与香味不变;在 15℃ 以上时,其色泽变化加快,开始出现老化现象,并伴有陈茶气味。

（3）**遮阴避光** 在有光的环境中,特别是光线直射时,不但茶叶的色泽变化加快,而且能加速陈化变质,影响其色、香、味,并使其出现一种令人作呕的气味。高级绿茶对太阳光线的照射作用特别敏感。

（4）**防止串味** 茶叶的烯萜类物质具有很强的吸附异味的能力。所以,应避免用樟木、杉木等有异味的木材制作的箱柜来贮存茶叶,也不能将茶叶与香皂、花露水等异味较大的化妆品以及卫生球、油漆、海产品等一起存放。

（5）**防止挤压** 除紧压茶和各种碎茶外,茶叶大都是完整的。茶叶成朵不碎,有芽有叶,保持完整,是茶叶品质好的重要标志。所以,除特殊需要外的茶叶,即使在加工过程中有碎末产生,也要通过筛选加以去除。由于茶叶贮存时要求干燥,茶叶大多比较疏松,如果受到挤压,很容易形成碎末,致使茶叶等级降低,泡饮时也因碎末多而影响观赏价值。

综上所述,茶叶应密封、干燥、低温保存。可以把茶叶放入能密封的容器中或密封的锡纸袋中,放入冰箱冷藏保存。即使是红、绿、花茶,也应分类密封存贮。通常,密封包装的茶叶保质期是12～24 个月不等,散装茶叶保质期则相对较短,而普洱茶、砖茶等保质期可达 10～20 年。

25. 泡茶用水有什么讲究?

水质好坏,对泡茶品质影响极大。日常生活中,人们冲泡茶叶大多用自来水。自来水中含有铁离子、氯离子等杂质,会使冲泡出的茶汤发黑、发暗。因此,自来水最好经过过滤或搁置 1 夜后再用。也可将麦饭石放于水中,改善水质,从而保证泡茶的品质。

茶叶中含有多种维生素和芳香物质,在高温和恒温下会大大减少,泡出来的茶水味道也过涩。此外,泡茶也不能用刚烧沸的水,或是把茶叶装在过滤器里泡,否则茶中丰富的维生素及矿物质就会流失掉。

26. 怎样泡茶有益健康?

(1)洗茶 所谓洗茶,就是把头茬茶汤弃去不喝。这是因为茶叶表面比较粗糙,容易残留一定量的农药,经开水冲泡,农药会迅速溶解于水中;另外,有些茶叶在制作过程中,难免有灰尘等杂质,弃去头茬茶水无疑是一次卫生消毒;而且,第二次冲泡的茶汤能泡出较高的有效成分,喝起来香醇可口。

(2)绿茶,现泡现喝 绿茶之所以具有抗氧化、清除自由基、抗衰老、抗病毒等保健功能,主要是因为含有多酚类物质。绿茶冲泡温度过高或时间过久,多酚类物质就会被破坏,茶汤不但会变黄,其中的芳香物质也会挥发。一般来说,绿茶冲泡水温以 80℃为宜,水初沸即可。冲泡时间以 2～3 分钟为好,最好现泡现饮。常用 3 克绿茶冲水 150 毫升,冲泡出来的茶汤浓淡适中。黄茶和白茶的冲泡方法同上。

(3)红茶,久泡健康 高水温浸泡能够促进红茶内黄酮类物质的有效溶出,不但让滋味和香气更浓,还能更好发挥保健功能。有研究发现,与沸水泡茶相比,煮茶可以让茶叶释放出更多的抗癌物质。一般煮 5 分钟最佳。功夫红条茶可冲泡 3～4 次,红碎茶则可冲泡 1～2 次。饮茶时,可依个人口味,加奶或糖、柠檬汁、蜂蜜、香槟酒等,调配出风味各异的红茶。

(4)乌龙茶,多放茶叶 冲泡乌龙茶以沸水为宜,并适当多放茶叶,一般以 10 克为宜,或占容器容积的一半。乌龙茶可冲泡 5～6 次,每次以 2～5 分钟为宜。

(5)黑茶,重在洗茶 以普洱茶为代表的黑茶,属于后发酵茶类,原料较为粗老。黑茶的特征在于"越陈越香",须经较为剧烈的沸水冲泡过程,才能使有效成分充分溶出。散茶容易出味儿,紧压砖茶需要烹煮。冲泡黑茶时,要用 10 秒钟快速洗茶,即先把茶叶放入杯中,倒入沸水,过一会儿把水倒掉,再倒入沸水,盖上杯盖。这样不仅滤去了茶叶的杂质,而且更香醇。后续冲泡时间常为 5 分钟。

无论哪种茶,都应现喝现沏,否则茶在空气中氧化太久,茶含有的茶多酚、维生素 C、维生素 A 等营养成分就会损失减少。

27. 喝花果茶有哪些讲究?

饮用花果茶不仅赏心悦目,而且可以保健祛病,如菊花茶能抑制多种病菌、增强微血管弹性、减慢心率、降低血压和胆固醇,同时可疏风清热、平肝明目、利咽止痛消肿;茉莉花茶,有清热解暑、健脾安神、宽胸理气、化湿、治痢疾和止胃腹痛的效果;桂花茶有解毒、芳香避秽、除口臭、提神解渴、消炎祛痰、治牙痛、滋润肌肤、促进血液循环的作用;金银花茶能清热解毒、凉血止痢、利尿养肝、抗癌;珠兰花茶,具有治疗风湿疼痛、精神倦怠、癫痫等作用,对跌打损伤、刀伤出血也有一定疗效。

有的女性坚持每天饮用一些具有清热解毒功能的干花茶,以此养颜、保健。但是,值得注意的是,有的干花茶具有药理性,有一定毒副作用,不可随意饮用,必须在医生指导下饮用。如金银花具有清热解毒、消肿止痛的功效,但对脾胃虚弱者则不能常用;红花具有活血破瘀的作用,但用法不当会造成经血不止或心脑血管等疾病,尤其是孕妇服用后会导致流产。玫瑰花,具有活血调经的作用,但用时不对会造成经血不止。金银花,具有消肿止痛功效,但脾胃虚弱者不宜常用。菊花对于阳虚体质人群不太适合。

28. 绿茶和枸杞子可以同饮吗?

枸杞子性平、味甘,含有氨基酸、生物碱、甜菜碱、酸浆红素及多种维生素和亚油酸,具有补肾益精、滋阴补血、养肝明目、润肺止咳的功效,很多保健品中都含有枸杞子。

为了方便起见,很多人干脆就把绿茶和枸杞子一起冲泡,其实这种做法是不科学的。因为绿茶中所含的大量鞣酸具有收敛吸附的作用,会吸附枸杞子中的微量元素,生成人体难以吸收的物质,不利于健康。所以,绿茶和枸杞子不宜同饮。

29. 哪些人不宜饮用苦丁茶?

从中医的角度讲,苦丁茶具有散风热、清头目、除烦渴的作用,用来治疗头痛、牙痛、目赤、热病烦渴、痢疾等药用效果非常明显。但是,苦丁茶并非人人皆宜。

(1)风寒感冒患者 对于风寒感冒患者,如恶寒无汗、鼻流清涕等,此时饮用苦丁茶会有碍风寒的发散,不利于感冒的治愈。可吃些生姜、荆芥等温热的食物,祛除体内的寒气。

(2)**体质虚寒者** 虚寒体质的人,常常感觉手脚不温,畏寒怕冷。若常喝寒性的苦丁茶,会损伤体内阳气,不利于虚寒症状的改善,严重的会出现腹痛、腹泻等中阳虚损的症状。可考虑吃羊肉、狗肉等温性食物以温阳散寒。

(3)**慢性胃肠炎患者** 慢性胃肠炎患者多数存在不同程度的脾胃虚寒,一旦腹部受凉或吃了凉性食物时,容易出现腹痛、腹泻等不适,苦丁茶会加重这些症状。另外,老年人脾胃功能相对减弱,婴幼儿脾胃功能尚未健全,也不宜饮用苦丁茶,否则容易引起消化不良、脘腹冷痛、食少便溏等副作用。

(4)**经期女性和产妇** 女性月经期处于失血状态,抵抗力降低,此时饮用寒性的苦丁茶,极易导致气血受寒而凝滞、经血排出不畅,引发痛经,严重的甚至可造成月经不调。经常痛经的女性,即使不在经期,也最好少喝苦丁茶。刚生完孩子的产妇身体虚弱,应适当多吃一些温补性的食物。寒性的苦丁茶不仅不利于产后子宫的恢复,还会伤及脾胃,极易引发日后难以治愈的畏寒怕冷、脘腹冷痛等。

30. 为什么喝茶后要洗杯?

茶虽有益健康,但错误的饮茶习惯却会适得其反,其中"不勤洗茶杯"就是最为常见的一种。没有喝完或放得时间较长的茶水暴露在空气中,茶叶中的茶多酚与茶锈中的金属元素就会发生氧化,形成茶垢附着在杯子内壁。茶垢中含有镉、铅、汞、砷等有毒物质以及亚硝酸盐等致癌物,经常不清洗的茶杯,茶垢中大量的重金属等有害物质就会不断溶解在冲泡的茶汤中,对健康极为不利。茶垢如果进入人口,易与食物中的蛋白质、脂肪酸、维生素等结合,形成沉淀,阻碍人体对营养素的吸收与消化。茶垢一旦被人体吸收,可使肾病、肝脏等器官发生炎症,甚至病变坏死。所以,茶壶、茶杯应经常擦洗。

31. 老年人喝茶时有哪些注意事项?

(1)喝早茶 经过一昼夜的新陈代谢,人体消耗大量的水分,血液的浓度大。饮一杯淡茶水,可以补充水分、稀释血液、防止损伤胃黏膜。特别是老年人,早起后饮一杯淡茶水,茶叶中富含的咖啡因具有兴奋作用,一上午都比较精神,对健康有益。

(2)量要少 饮大量液体进入血管,本身就会加重心脏负担,再加上茶中的咖啡因、茶碱都是兴奋剂,可以使人体心跳加快、血压升高。老年人心脏功能较差,特别是患有冠心病、高血压的老年人,喝茶量多,会产生胸闷、心悸等不适症状,造成心力衰竭。另外,大量饮茶后会稀释胃液,降低胃液浓度,从而产生消化不良、腹胀、腹痛等症。患有十二指肠溃疡的老年人尤应注意。

(3)茶要淡 茶叶中含有的鞣酸可以与食物中的铁元素发生反应,生成难以溶解的新物质。当人体大量饮用浓茶后,鞣酸与铁质的结合就会更加活跃,给人体对铁的吸收带来障碍,老年人常可表现为缺铁性贫血。同时,鞣酸还能与食物中的蛋白质结合生成一种块状的、不易消化吸收的鞣酸蛋白,对有便秘的老年人,会加重症状。

32. 为什么老年人不宜饮生茶?

所谓生茶是指杀青后不经揉捻而直接烘干的烘青绿茶。这种茶的外形自然绿翠,内含成分与鲜叶所含的化合物基本相同,低沸点的醛醇化合物转化与挥发不多,香味中带有较重的生青气,对胃黏膜的刺激性很强。老年人饮了这种绿茶,饮后易产生胃痛。这种生茶最好不要直接泡饮,可放在无油腻的铁锅中,用文火慢慢地炒,烤去生青气,待产生轻度栗香后即可饮用。

33. 女性在哪些时期不宜喝茶?

(1)月经期 此时经血会消耗掉体内的铁质。若喝茶,茶叶中含有高达至 50％的鞣酸,在肠道中很容易和食糜中的铁质或补血药中的铁产生沉淀,妨碍肠黏膜对铁质的吸收,大大降低铁质的吸收程度。

(2)妊娠期 一般浓茶中含带的咖啡因浓度高达 10％,会增加孕妇的尿和心跳次数与频率,加重孕妇的心与肾的负荷量,更可能会导致妊娠中毒症。

(3)临产前 若孕妇在产前喝太多浓茶,茶中的咖啡因会产生兴奋作用而睡眠不足,会导致分娩的时候精疲力竭,甚至还会造成难产的情况出现。

(4)哺乳期 茶中含有高浓度的鞣酸会被胃肠吸收影响乳腺的血液循环,抑制乳汁分泌,造成奶水分泌不足。处于哺乳期的妇女饮茶后,茶中的咖啡因会渗入乳汁并间接影响婴儿,对婴儿身体的健康不利。

(5)更年期 处于更年期的女性除了头晕和浑身乏力以外,有时还会出现脾气不好、睡眠质量差等现象,若再喝茶会加重这些症状。

34. 四季饮茶有哪些学问?

中医学认为,茶叶因种类不同,其功效也各异,对人体的保健作用也各不相同。消费者应根据当地的气候条件等来选择适宜的茶类饮用。

(1)春花 春季,气温开始转暖,雨水多,湿度大,此时人们普遍感到困倦乏力,即所谓"春困"。要缓解春困带来的不良心境,可以多饮花茶。花茶甘凉,具有芳香辛散之气,有祛寒理郁的功效,可使人精神振奋、心情舒畅、大脑清醒。

(2)夏绿 夏季,气温较高,宜饮绿茶。绿茶性寒凉,"寒可清热",也能止汗,并且还富含氨基酸、维生素以及矿物质。多喝绿茶既能消暑解渴,又能增添营养、健胃提神。

(3)秋青 秋季,天气开始转凉,气候干燥。这一季的品茶以青茶最为理想,青茶又称乌龙茶。秋季饮青茶润肤益肺,可消除夏天的余热,生津润喉,缓解人体干燥的生理现象。

(4)冬红 寒冬时节,人体生理功能减退,提高抗病能力是不可忽视的重要环节。红茶可暖胃御寒,同时增强抵抗力。所以,红茶是冬季饮茶的理想佳品。

35. 人参能否与茶同食?

人参中含有多种功能物质,如蛋白质、多种矿物质等,其中人参皂苷有很强的抗氧化功能,在防止细胞衰老和凋亡方面有很好的作用。而茶中除含有抗氧化剂茶多酚外,还含有较多的茶碱和鞣酸,它们可以同人参皂类等营养成分发生反应,从而影响吸收,降低人参的有效功能。所以,人参不能与茶同食。

36. 为什么绿茶不宜空腹喝?

绿茶是没有经过发酵的茶,较多地保留了鲜叶内的天然物质,其中茶多酚、咖啡因能保留鲜叶的 85% 以上,对于防衰老、防癌、抗癌、杀菌、消炎等具有一定效果,是其他茶叶所无法比拟的。但空腹饮茶,茶叶中的部分活性物质会与胃中的蛋白结合,对胃形成刺激,容易伤胃;空腹喝茶还会使消化液被冲淡,影响消化;空腹饮茶茶里的咖啡因和氟容易被过量吸收,咖啡因会使部分人群出现心慌、头昏、手脚无力、心神恍惚等症状,医学上称之为"茶醉"现象。一旦发生茶醉现象,可以吃一块糖或喝上一杯糖水,缓解症状。氟如果在体内蓄积过多,则可能引发肠道疾病,影响肾功能。

患有胃、十二指肠溃疡的中老年人,更不宜清晨空腹饮绿茶,茶叶中的鞣酸会刺激胃肠黏膜,导致病情加重,还可能引起消化不良或便秘。

37. 白酒有哪些种类?

白酒一般按香型分为以下几种类型。

(1)酱香型 以高粱、小麦为原料,经发酵、蒸馏、贮存、勾兑而成,具有酱香特点的蒸馏酒。以茅台酒为代表。酱香柔润为其主要特点。

(2)浓香型 以粮谷为原料(高粱为主),经固态发酵、贮存、勾兑而成,具有以乙酸乙酯为主体的复合香气的蒸馏酒。以泸州老窖特曲、五粮液等为代表。浓香甘爽为其特点。

(3)清香型 以粮谷等为主要原料,经糖化、发酵、贮存、勾兑酿制而成,具有以乙酸乙酯为主体的复合香气的蒸馏酒。以汾酒为代表,采用清蒸清渣发酵工艺,发酵采用地缸。

(4)米香型 以大米为原料,经半固态发酵、蒸馏、贮存、勾兑而制成的,具有小曲米香特点的蒸馏酒。以桂林三花酒为代表。

(5)兼香型 以谷物为主要原料,经发酵、贮存、勾兑酿制而成,具有浓香兼酱香独特风格的蒸馏酒。

此外,还有凤香型、特香型、芝麻香型和豉香型等。

38. 怎样鉴别白酒的质量?

(1)看色泽 质量好的白酒应是无色透明,无悬浮物、浑浊和沉淀的澄清液体。但是,有的白酒会有不同的浅色,如茅台酒,其中含酯量较高,显示出极微的浅黄色。

(2)闻气味 由于原料和酿造方法的不同,不同的酒会形成独具一格的醇香气体。通常的酒香分溢香、喷香和留香。溢香是指当鼻腔靠近酒瓶口时,很容易闻到白酒的香气,一般白酒都有溢香;喷香是指当酒液放入口腔后,香气即充满口腔,一般名酒和优质酒均有喷香气味;留香是指酒咽下后,口腔中还留有香气,一般名酒和优质酒都具有这种特点。

(3)品滋味 白酒的滋味要纯正,无怪味,也不得有刺激味;一般名酒和优质酒皆有滋味醇厚、浓郁、绵柔、回甜、饮后回味悠长的特点。

39. 白酒越陈越香吗?

"酒越陈越香"具有一定的科学道理。一般来说,新酒刺激性大,气味不正,往往带有邪杂味和新酒味,经过一定时期的贮存,酒体变得绵软、香味突出,较新酒醇香、柔和,这种现象叫做白酒的老熟。白酒在老熟时经过物理变化和化学变化两个过程。

物理变化主要是酒分子重新排列和挥发过程。白酒中自由度大的酒精分子越多,刺激性越大。随着贮存时间的延长,酒精与水分子间逐渐构成大的分子缔合群,酒精分子受到束缚,活性减少,在味觉上就会给人以柔和的感觉。在贮存过程中,硫化氧、丙烯醛及其他低沸点的醛类、酯类能够自然挥发。经过贮存,杂味物质自然逸出,老熟的酒就可以大大减轻刺鼻辣眼感并增加香味。但是,也不是贮存时间越长越好,有些类型的酒(如清香型)贮存时间过长,反而会降低香味。

白酒在自然老熟中的化学变化,主要是氧化、还原、酯化等综合变化。白酒中所含的酯类物质是酒中主要香味成分之一。酯的形成,主要是在发酵过程中微生物的作用所产生的,但是在贮存过程中也通过缓慢的酯化反应而形成。贮存过程中,一部分酒精被氧化成为乙醛后进一步氧化生成醋酸,醋酸进一步与酒精作用生成醋酸乙酯和高级酯。一部分醛与酒精作用生成缩醛类,从而使酒体减少辛辣味,增加香味,赋予酒体芳香、柔和、软绵和协调之感。

40. 长期过量饮酒对人体健康有哪些危害？

(1)伤害神经系统　长期过量饮酒,可伤害神经系统,引起智力下降、记忆力减退。

(2)损害内脏器官　过量饮酒可导致心脏功能减弱,胃及胰腺发生炎症,肝细胞受损,形成脂肪肝或肝硬化等。

(3)造成营养缺乏症　长期过量饮酒,酒精使小肠对维生素的吸收率降低,造成营养缺乏,并能发展成为肝硬化。

(4)引发动脉硬化　长期过量饮酒,能促进内源性(肝脏)胆固醇的合成,使血浆胆固醇及甘油三酯浓度升高,造成动脉硬化,同时可引起高血压和冠心病。

(5)致癌、致畸　有许多癌症与饮酒有关,如喉癌、食管癌、胃癌和肝癌等。夫妻酒醉后同房,一旦受孕,可能使胎儿畸形,或出生后智力迟钝。妊娠期间,孕妇过量饮酒,将会影响胎儿生长发育,使新生儿发育不良、智力低下,甚至痴呆。

(6)导致死亡　人们饮用的酒中含乙醇75～80克,就可引起中毒;若达到250～500克,有可能导致死亡。

(7)影响性功能和遗传功能　现代医学研究表明,过度饮酒会影响正常的性功能,并会对遗传功能造成一定影响。

41. 喝白酒能杀菌吗？

有些人认为,高度白酒与酒精一样,可以杀菌,就一面吃生的食物一面喝白酒来消毒杀菌,其实这是一个非常不科学的错误观念。在医学上,只有75％的酒精才能有效地杀死细菌。但是日常生活中高度白酒也就是50°～60°,达不到75％的浓度;加之,酒进入胃里与其他食物混合,酒精被进一步稀释,是不可能起到杀菌效果的。

42. 酒量真能练出来吗？

酒的主要成分是酒精。饮酒后酒精由肝脏中乙醇脱氢酶作用变成乙醛，乙醛再被乙醛脱氢酶催化成乙酸，最后生成二氧化碳和水。其中的乙醛能引起面红耳赤、心率加快、神经兴奋。如果分解乙醛的脱氢酶少，则乙醛多，酒量就小；反之，酒量就大。

现代医学科学证明，乙醇脱氢酶和乙醛脱氢酶的活性，主要是由遗传因素决定的，而不是能练出来的。由于人的体质不一样，对酒精的耐受力有差别，再加上酒的品种、人的生活习惯及气候条件等的不同，究竟喝多少酒算超量，应视具体情况而定。

43. 怎样健康饮酒？

(1)选用适当的容器 不能用锡壶、彩瓷或水晶制品、保温瓶和塑料桶装酒。锡壶、彩瓷和水晶制品中含有重金属铅，用其盛酒时，铅会溶解于酒中，导致饮酒者发生慢性中毒，造成智力下降、精神障碍、失眠多梦等，严重者还会导致食欲下降、全身乏力、恶心呕吐、腹痛、腹泻等。保温瓶底的水垢中含有的镉、铅、铁、砷、汞等会损害健康。塑料中的增塑剂、稳定剂等对人体健康有毒害作用的物质会逐渐被溶解于酒中，对人体健康不利。

(2)忌空腹饮用 空腹饮酒对胃肠道、肝脏以及大脑均不利，还会刺激胃黏膜，长期如此，易引起胃炎、胃溃疡等疾病。所以，喝酒前应先吃点高蛋白低热量的瘦肉、豆腐等，多吃水果、蔬菜，特别是酒后多吃水果，有一定的解酒作用。

(3)白酒宜热饮 有些白酒中除含有乙醇外，还含有甲醇、乙醛等低沸点有害物质（甲醇的沸点是 64.8℃；乙醛 20.8℃），加温即可使其他有害物质蒸发掉。但是，烫酒时要注意掌握好温度，一般不宜超过 65℃，否则酒的香味会散失掉。如饮用优质酒，也可不必热饮,因为名酒中有害成分相对较少,加热可使其固有的香气蒸发掉。如需加温,不宜超过 30℃。

(4)选好下酒菜　饮酒时,应该选择富含维生素 C、维生素 B₁、维生素 B₆ 的蔬菜作为下酒菜,如豆制品、鸭蛋、猪肝、土豆、青菜、苦瓜、丝瓜、番茄、萝卜等。需要注意的是,喝酒时不宜吃韭菜、胡萝卜、凉粉、熏腊制品和烧烤等。经常饮酒的人,饮酒后宜食用一些如西瓜、菠萝、柑、橘、草莓、柠檬等维生素含量较多的水果。常饮酒的人可每天或隔天服 1 片复合维生素。

(5)忌混喝　各种酒的酒精含量不同,混合饮用,身体难以适应。更重要的是,各种酒的组成成分不尽相同。比如,啤酒中含有二氧化碳和大量水分,与白酒混喝,会加速酒精在全身的渗透作用,对肝脏、肠胃和肾脏等器官的刺激和危害就会更加强烈。另外,酒后不宜饮用过量的浓茶和咖啡,更不宜吸烟。

(6)适量　传统认为白酒有活血通脉、助药力、增进食欲、消除疲劳、陶冶情操、使人轻快并有御寒提神的功能。饮用少量低度白酒可以扩张小血管,促进血液循环,延缓胆固醇等脂质在血管壁的沉积,对循环系统及心脑血管有利。通常认为,每日饮 60°白酒不超过 25 毫升;黄酒、果酒不超过 50 毫升;啤酒不超过 300 毫升。尤其是女性,切不可贪杯。

(7)勿用饮酒来保暖　不少人认为酒能防寒。其实,这是一种误解。喝酒以后,由于酒精成分的刺激,皮肤温度会升高,使人产生温暖感觉。但是,这种温暖感是不能持久的。因为体表的血管越是舒张、松弛,体热的散发就越快,使体温急骤下降,人就产生了强烈的寒冷感觉。喝酒比不喝酒更易产生寒战,引起受凉或感冒。因此,不宜采用饮酒来保暖。

(8)打鼾者睡前不宜饮酒　酒精及某些药物(如镇静剂、安眠药及抗过敏药等)会使呼吸变得浅慢,使肌肉比平时松弛,会加重鼾症和睡眠呼吸暂停。因此,打鼾的人睡前最好不要饮酒。

44. 哪些人不宜饮酒？

(1)高血压、心脏病患者 酒精可使大脑兴奋,情绪激动,血管扩张,血压升高。高血压、心脏病患者饮酒易发生血管破裂而导致死亡,或发生心律失常、心跳加速等不良症状。

(2)妊娠期妇女和儿童 孕妇饮酒,可以使胎儿产生酒精中毒症,易导致畸形与流产等情况。儿童饮酒,对健康不利,不仅荒废学业,还易走上犯罪道路。

(3)司机和高空作业者 从事汽车驾驶、轮船驾驶、飞机驾驶的人员和高空作业人员工作带有一定的危险性,饮酒易出事故,酿车祸。

(4)肝病患者 酒精进入人体,对肝功能有抑制与毒害作用。患有肝病的人,不节制地喝酒等于慢性自杀。

(5)胃肠病患者 大量饮酒可使胃黏膜出现高度充血发红、水肿、糜烂和出血等现象。因此,胃溃疡、胃炎、肠炎、肾炎和眼病等患者都不宜喝酒,痔疮患者也不宜喝酒。

(6)近视眼、青光眼患者 喝酒对视力同样有影响,酒里含的甲醇对视网膜有明显的不良反应。此外,酒还能够阻碍视网膜产生感觉视色素,造成眼睛适应光线能力下降。

45. 怎样辨别啤酒的质量？

(1)观色泽 淡色啤酒多为淡黄色或金黄色,黑啤酒为红棕色或淡褐色。优质啤酒,清澈透明,呈金黄色。如果酒色浑浊,透明度差,黏性大,甚至有悬浮物,则质量较差。啤酒的色泽应和品种、类别相对应。

(2)看泡沫 泡沫是啤酒区别于其他任何酒类和清凉饮料的特殊标志。优质啤酒,瓶盖启开瞬间,能听到爆破音,接着瓶口有泡沫升起,刚刚溢出瓶口为最好。把啤酒缓缓倒入洁净的玻璃杯内,泡沫涌上杯口,泡沫洁白、细腻,能持续 3 分钟以上,泡沫散落后杯壁仍挂有泡沫。

(3)闻香气 一般来说,品质优良的啤酒,应具有显著的麦芽香和酒花特有的香气;品质较次的啤酒麦芽香和酒花香气不明显,甚至还会有其他不正常的异香气。

(4)品味道 优质啤酒味道醇正清爽,苦味柔和,回味醇厚,有令人愉悦的芳香气味,没有酵母味或其他怪味、杂味,适口性好;而品质较次的啤酒,不仅口味平淡,而且会带有苦味、涩味或酵母臭味,及其他不正常的异味等。

46. 鲜啤酒与生啤酒有哪些区别?

啤酒大体上分生、熟两种。所谓的生啤、熟啤,是根据啤酒不同的杀菌方法命名的。生啤酒(鲜啤酒)是指包装后不经巴氏灭菌的啤酒,成品中允许含有一定量活酵母菌,达到一定生物稳定性的啤酒。生啤味道鲜美,但容易变质,不易保存。

熟啤酒是指经过巴氏灭菌、过滤后的啤酒,酒中的酵母已被加温杀死,不会继续发酵,因而稳定性好,可存放较长时间或用于外地销售,较适合胖人饮用。

干啤、淡爽、超干等名称都是根据工艺不同而命名的,它们都是常见的熟啤酒;而市场上销售最广泛的绿啤、鲜啤、原生则是生啤酒。

47. 贮存啤酒有哪些禁忌?

(1)忌阳光直射 啤酒中含有大量含硫化合物,如胱氨酸、胱甘肽等。这些物质在光照下会产生一种硫醇,严重地破坏啤酒的品质。另外,啤酒是营养丰富的饮料,日光会破坏酒中的营养素。

(2)忌冷冻 贮存啤酒的适宜环境温度夏季为 5℃~8℃,冬季为 9℃~12℃。如果环境温度在 0℃ 以下,不但起泡极少,而且酒中的蛋白质可与鞣质结合,生成沉淀物,使啤酒出现"冷浑浊"。如果这种冷浑浊出现的时间不长,还可将酒瓶置于 50℃ 的热水中浸泡 30 分钟左右,冷浑浊现象可获改善。如果将啤酒长时间贮存于低温环境下,这种冷浑浊的沉淀物可被氧化而转为褐色,成为不可逆性浑浊,并使啤酒风味和营养价值受损。

(3)忌用保温瓶盛放 保温瓶内壁常有一层水垢,含有镉、铅、铁、砷、汞和其他杂质,啤酒是酸性饮料,极容易溶解上述物质,使啤酒的营养成分变质受损。

(4)忌振荡 啤酒瓶经过猛烈的振荡或摇晃后,内部压力会迅速加大,容易引发爆炸。

(5)忌久贮 啤酒的原料大麦皮壳和酒花都是活性很强的酚类物质,极易与蛋白质化合,也容易氧化聚合,在啤酒中会很快产生花青色素而浑浊。

48. 怎样辨别葡萄酒的质量?

(1)看包装 包装好的葡萄酒多使用深色酒瓶包装,如绿色、棕色酒瓶,它的优点是能滤去对酒质有影响的光波,有利于酒的保存。一般来讲,瓶色越深,效果越好。酒瓶质量应厚薄均匀,色泽一致,外表不应有花纹、裂纹、水泡。瓶盖多用软木塞、金属螺旋盖,瓶盖封口严密。高级酒通常瓶外加一层透明纸,以保护瓶面整洁和商标完整。如果酒塞是凸起的,或者瓶口有黏液,则说明这瓶酒的质量已经出现问题。

(2)看标签 标签内容标注不全或不标注出厂日期、厂名、厂址的,则表明其是伪劣产品。同时,从企业执行的标准上,也能大致判断出葡萄酒的质量优劣。一般来说,执行国标的产品,应该是质量较好的葡萄酒;执行行标的产品,其质量水平一般低于执行国标的;执行企标的产品,除个别大企业高于行业或国标外,一般质量都较差甚至低劣。此外,酒精度太低,使葡萄酒的保质期受到影响,很难保证质量。

(3)**看质感** 葡萄酒应具有原果实的真实色泽,自然、美观、悦目、清亮透明,无悬浮物质。起泡葡萄酒应含适量二氧化碳,酒液倒入酒杯中时,起泡应细致、连续和持久,轻轻摇晃,挂杯均匀、细致。质量差的葡萄酒,或浑浊无光,或颜色与酒名不符,没有自然感,或色泽艳丽,或无挂杯现象。

(4)**闻香气** 葡萄酒的香气应该是葡萄的果香、发酵的酒香、陈酿的醇香,饮用时使人感到葡萄固有的芳香而有愉快感。贮存时间过长的酒,果香会减弱。质量差的葡萄酒,或有突出暴烈的水果香(外加香精),或酒精味突出,或有其他异味,使人嗅而生厌。

(5)**品滋味** 任何一款质量好的葡萄酒的口感都应该是令人舒畅愉悦的,各种香味均应细腻、柔和,有层次感和结构感,余味绵长。滋味依种类不同而各异,一般甜葡萄酒要求甜而不腻,干酒应干而不涩。质量差的葡萄酒,有异味或异香突出,风味淡薄或没有后味。

49. 为什么喝葡萄酒时须醒酒?

葡萄酒在开瓶之前一般都是"睡着"的,酒在软木塞的密封下,或者在封闭的橡木桶中、黑暗的酒窖里,因为与氧气接触得比较少,酒容易形成硫化氢、硫黄味、二氧化硫等气味。

在运输、储藏等过程中,振荡会产生氧化作用,酒会带有特殊的异味,影响口感。所以,开瓶之后,应把酒放在醒酒器里醒酒0.5~1小时,挥发异味,特别是那些保存得颇久的上等红酒更要做好醒酒步骤。

50. 葡萄酒配菜有哪些禁忌?

(1)忌与海鲜同食 红葡萄酒配红肉符合烹调学规则,葡萄酒中的单宁与红肉中的蛋白质结合,使消化几乎立即开始。新鲜的大马哈鱼、剑鱼或金枪鱼富含天然油脂,能够与体量轻盈的红葡萄酒搭配良好,但与某些海鲜搭配时,如多弗尔油鳎鱼片,红葡萄酒中高含量的单宁会严重破坏海鲜的口味,甚至自身也会带上令人讨厌的金属味。

白葡萄酒配白肉类菜肴或海鲜也是通用的好建议。一些白葡萄酒的口味也许会被牛肉或羊肉所掩盖,但它们为板鱼、虾、龙虾或烤鸡胸佐餐都会将美味推到极高的境界。

(2)忌与醋同食 各种沙拉通常不会对葡萄酒的风格产生影响,但如果其中拌了醋,则会钝化口腔的感受,使葡萄酒失去活力,口味变得呆滞平淡。柠檬水是好的选择,因为其中的柠檬酸与葡萄酒的品格能够协调一致。

奶酪和葡萄酒是天生的理想组合,只须注意不要将辛辣的奶酪与体量轻盈的葡萄酒相搭配;反之,亦然。

51. 怎样储存葡萄酒?

(1)恒定的温度 葡萄酒适宜的贮存温度是 11℃。温度过高,葡萄酒的成熟速度太快,会使酒的风味变得比较粗糙,有时会造成过分氧化,而致葡萄酒变质;反之,温度越低,酒的成熟度越缓慢。如果贮存期间的温度变化过大,对酒的影响也是非常大的。

(2)适宜的湿度 葡萄酒贮藏的最佳空气相对湿度为 70%。如果湿度太低,瓶口的软木塞就容易干缩、开裂,影响密封效果,加速酒的氧化,甚至导致酒变质。即使酒没有变质,干燥的软木塞在开瓶的时候也很容易破碎掉到酒里。而湿度过高,软木塞就会容易变质发霉,有时会给酒带来异味,而且酒窖里过高的湿度,还容易滋生咬食软木塞的甲虫。

(3)横放或斜放 葡萄酒横放或斜放,保证酒液和软木塞接触,可使软木塞保持湿润,在保证良好密封性的同时,还能使葡萄酒得到陈化,更加成熟,口感更佳。饮用前数小时,可将瓶竖直,让沉积物逐渐沉淀下去。

(4)避光和通风 葡萄酒要放在避光的地方,因为对葡萄酒影响比较严重的是光线中的紫外线。虽然葡萄酒的深色瓶子能够遮挡一部分紫外线,但毕竟不能完全防止紫外线的侵害。因此,想要长期保存的葡萄酒应该尽量放到避光的地方。储藏的葡萄酒时刻通过软木塞进行"呼吸",所以要保证环境空间通风良好,避免异味、霉味等通过软木塞渗透到酒液中,从而影响酒的风味。

(5)防震 振动会使葡萄酒加速成熟,同样也会让酒变得更为粗糙。所以,应该放到远离振动的地方,而且不要经常搬动。

(6)适时贮藏 不同的葡萄酒有各自的成熟期,并不是越陈越好。贮藏时间的长短大多取决于酒体的厚重程度,酒体很重的酒单宁含量较高,一般需要贮藏时间长一些。通常,陈年佳酿可以贮藏20~30年,其他的一般不超过15年。

对于已经开启而未喝完的葡萄酒,比较理想的方法是使用葡萄酒保鲜器。保鲜器可以把酒瓶中的空气抽光,同时起到瓶塞的作用,防止空气进入瓶中,可以在冰箱中冷藏1~2周的时间。如果没有保鲜器,只能塞住原瓶塞,然而要直放,以减少瓶中的酒与空气接触的面积,放在冰箱中冷藏不要超过3天。或者将剩余的酒液倒入纯净水瓶中,未倒满时,可挤压瓶体至酒液满口,然后拧紧瓶盖,再放入冰箱冷藏室。

52. 怎样储存药酒？

①用来配制药酒的容器必须清洗干净，再用沸水煮烫消毒。

②家庭配制好的药酒应及时装进细口颈的玻璃瓶里，或其他有盖的玻璃容器里，并将口密封。

③家庭自制的药酒要贴上标签，并标注名称、功效、配制时间和用量等内容，以免时间长了发生混乱，造成不必要的麻烦。

④药酒贮存宜选择温度变化不大的阴凉处，室温以 10℃～20℃为宜，不能与汽油、煤油以及有刺激性气味的物品混放。

⑤夏季贮存药酒时要避免阳光直射，以免有效成分被破坏、药效降低。

53. 饮用药酒有哪些注意事项？

①饮用药酒不要超过 10 毫升，不可超量多饮。饮用 3 个月左右后要休息 1 个月再继续饮用。

②有外感发热及各种急性病期间，应暂停饮用，待疾病痊愈后再继续饮用。

③高血压、心脏病急性心肌梗死期，及中风脑出血期间，应暂停饮用，要等待急性期过后再继续饮用。

④妇女妊娠期间，应暂停饮用，待分娩后再继续饮用。

⑤癌症病人在放射治疗期间，应暂停饮用。

⑥阴虚内热、口干舌燥严重的病人，应暂停饮用，待阴虚症状改善后再继续饮用。

⑦一般来说，药酒最好在进餐时或餐后喝，以免刺激胃黏膜。

54. 为什么雄黄酒不能喝？

雄黄是砷结晶的矿石，主要成分二硫化砷遇热可生成三氧化二砷,即众所周知的砒霜。三氧化二砷对人体的胃肠道、神经、肝、肾、心血管等都有损害,可出现头晕、呕吐、腹痛、抽搐、牙龈出血、呼吸困难、血压下降等症状,严重者可造成"七窍流血"而死亡。据报道,人吃进三氧化二砷 1 毫克,即可引起中毒,严重中毒者,进食后 1 小时即可死亡。因此,不宜饮雄黄酒。此外,雄黄也可由皮肤吸收入体内引起中毒反应,所以不宜用雄黄酒涂皮肤或搽在小孩儿身上。

55. 保健酒和药酒有哪些区别?

(1)所属范畴不同 保健酒属于"饮料酒"范畴,药酒属于"医药"范畴。

(2)生产管理部门不同 保健酒由食品生产企业生产,由食品部门主管,产品质量不合格可以调整或回收。药酒由药厂生产,由药品管理部门主管,产品质量不合格只能报废。

(3)功效不同 保健酒主要用于调节生理功能,以保健、养生、健体为目的,满足消费者的嗜好。药酒主要用于治病,有其特定的医疗作用。

(4)适用人群不同 保健酒对年龄和性别没有特别严格的限制,主要使用对象是健康或亚健康人群。药酒有针对性较强的适用人群,使用对象是疾病患者,需要在医生的处方或在专业人士的指导下服用。

(5)配方和质量依据不同 药酒的配方要经过严格的审批,要求有内在的以有效成分为指标的质量标准。保健酒配方一般不需要审批,很少规定检测其内在功效成分。

(6)销售场所不同 保健酒主要在酒店、商场、超市等一般商品销售场所销售。药酒主要在药店或医疗场所销售。

56. 哪些人不宜饮用保健酒?

(1)肝功能异常者 保健酒说到底还是酒,保健酒也不保肝。

(2)内热炽盛者 常表现为小便黄赤,大便秘结,常流鼻血或牙龈出血,女子行经量多且血色鲜红。

(3)阴虚内热者 常见手、脚心热,夜间盗汗,口舌干燥等。

(4)肝阳上亢者 多有头晕目眩,走路不稳,头重脚轻,急躁易怒等表现。

(5)骨质疏松者 酒精中的乙醇会影响人体对钙质的吸收和利用。

57. 服药期间能喝酒吗?

酒作为药物之一,能治疗跌打损伤、淤血、慢性风湿痛等。酒能溶解许多不能溶于水的药物成分,故药酒、酊剂都必须使用酒,如中药阿胶最好用甜酒蒸好对入药汁。还有许多方剂中须配入白酒或黄酒,如瓜蒌薤白酒汤等。以上情况服药期间是可以饮用少许中低度酒的,但不宜过量饮用高度酒。

急性感染性疾病、胃肠疾病、肝胆疾病、皮肤病服药期间切不可饮酒,不然会加重病情,甚至出现严重的毒副反应,如兴奋、发热、胃肠不适。

忌酒的几类药:①头孢菌素胶囊(如先锋霉素Ⅴ、先锋霉素Ⅵ、菌必治等)、痢特灵、氯霉素、呋喃妥因、甲硝唑等;②镇静催眠类药物,如苯巴比妥、水合氯醛、地西泮、利眠宁这些大脑抑制剂;③解热镇痛剂类,如阿司匹林、扑热息痛等;④利血平、抗癌剂、异烟肼等药物。

58. 酒后行房可以吗?

我国古代最早的医书《黄帝内经》中,提出了"醉以入房"的禁忌。酒后纵欲,耗气伤精,虽助兴,却败性。且饮酒后性兴奋是短暂的,酒精毕竟是中枢神经系统抑制剂,随着血液中酒精浓度的逐渐升高,性兴奋及性高潮的生理反应会变慢甚至停止。另外,经常饮酒者,由于引起慢性酒精性肝损害,会导致睾丸结合球蛋白增加,造成睾丸损害,以致减弱或失去产生睾酮的功能。

而女性饮酒,随着血中酒精浓度的增高,阴道血液循环流量及性兴奋、性高潮却降低,尤其是过量饮酒,极易造成卵巢功能障碍,甚至卵巢萎缩,出现月经紊乱、闭经、性欲低下,严重者发生不孕症。

科学研究表明,经常饮酒者其精子常易发生畸形,妻子若酒后受孕,胎儿受乙醇的影响,在胚胎形成、生长、发育过程中,可直接造成无法补救的损害。据统计,酒后孕育或怀孕期饮酒造成白痴、癫痫及各种生理缺陷的新生儿占整个低能儿总数的 20%左右。

所以,饮酒勿贪酒,酒后勿行房!

59. 有哪些食物能缓解酒后不适?

(1)蜂蜜 蜂蜜中含有一种特殊成分,可以促进酒精的分解吸收,减轻头痛症状,尤其是红酒引起的头痛。

(2)番茄汁 番茄汁富含特殊果糖,能促进酒精分解。一次饮用番茄汁 300 毫升以上,能使酒后头晕感逐渐消失。

(3)葡萄 葡萄中含有丰富的酒石酸,能与酒中的乙醇相互作用形成酯类物质,达到解酒目的。如果在饮酒前吃,还能预防醉酒。

(4)西瓜 西瓜可以清热去火,能使酒精快速随尿液排出。

(5)**柚子** 柚肉蘸白糖吃,对消除酒后口腔中的酒气有很好的效果。

(6)**芹菜** 芹菜中含有丰富的B族维生素,能分解酒精。

(7)**酸奶** 酸奶能保护胃黏膜、延缓酒精吸收,而且钙含量丰富,对缓解酒后烦躁特别有效。

(8)**香蕉** 酒后吃一些香蕉,能增加血糖浓度,降低酒精在血液中的比例,达到解酒目的。同时,它还能消除心悸、胸闷等症状。

(9)**橄榄** 橄榄自古以来就是醒酒、清胃热、促食欲的"良药",既可直接食用,也可加冰糖炖服。

其 他

1. 哪些人群宜食用保健食品？

保健食品只适用于特定的人群,即年老体弱、病体初愈、需滋补强身者,或是由于种种原因造成某种营养素缺乏或摄入量不足、单靠膳食尚不能满足其需要的人群。因此,在选用保健食品时,要考虑的原则是:缺什么补什么,不缺不补。要以每个人的身体健康状况、年龄、身体素质酌定,最好在专业人员的指导下进行,切忌滥补、过补。营养科学主张全面、平衡,并非多多益善,任何营养素的过量都会失衡,甚至对人体造成危害。

消费者选购时不要被虚假、夸大的广告迷惑,理性消费。

2. 怎样选购保健食品？

(1)认清批准文号和保健食品标志 国家食品药品监督局、卫生部批准的国产保健食品的批准文号为"国食健字"、"卫食健字"(G+四位年份代码+四位顺序号);进口保健食品批准文号"进食健字"。保健食品标志"蓝帽子"位于产品包装的左上方。

(2)查看包装及说明书 保健食品的外包装上除印有简要说明外,还应标有配料名称、功能、成分含量、保健作用、适宜人群、不适宜人群、食用方法、注意事项,以及储存方法、批号、生产厂家等。消费者在购买时一定要注意分辨。

(3)注意产品的禁忌 保健食品的批准证书上应注明不适宜人群或某些禁忌,并要求企业标注在产品包装说明书上。消费者特别是年老体弱的老年人、常年患有慢性病的病人、儿童及青少年、孕妇等,一定要在选择保健食品时注意查看服用禁忌,以免造成对身体的危害。

(4)认识保健食品的属性 保健食品的基本属性是食品,而食品不同于药品的主要区别是药品以治疗为目的,而保健食品是起预防作用或辅助治疗作用,更注重安全性。真正患病时,还是需要药物来进行治疗。购买保健食品时注意不要盲目听信夸大宣传和虚假宣传,以免耽误病情。

(5)注意产品质量和生产日期 购买保健食品时,务必注意产品的生产日期和有效期,如产品质量有问题,产品发霉、变质万不可食用。

为了避免购买到假冒伪劣产品,建议购买者一定要到信得过的药店、商场、超市或保健品专卖店购买,同时切记保留购物发票,千万不要贪图价廉、大降价或到街头摊贩处购买。

3. 为什么不宜用沸水冲调保健品?

市场上出售的麦乳精、多维葡萄糖、人参蜜等滋补品,大多选用蜂蜜、奶粉、葡萄糖、奶油等优质原料精制而成,含有大量的葡萄糖、蛋白质、脂肪、维生素 A、维生素 C 及钙、磷等矿物质。如果这些营养品用沸水冲泡,会使其中所含糖化酶素等营养素很容易发生分解、变质,所以最好不要用沸水冲调,通常用低于 60℃ 的水冲调为好。

4. 为什么不宜空腹食用蛋白质含量高的食物?

空腹食用大量富含蛋白质的食物,因为体内没有足够的碳水化合物(主要存在于粮食、豆类、水果和薯类食品中),不得不分解蛋白质来为身体提供能量,使蛋白质浪费。另外,空腹吃鱼、肉等高蛋白食物,动物蛋白质摄入过多,还会造成人体酸碱平衡失调,不仅会增加患糖尿病、心血管疾病、痛风病的风险,还会加快钙元素的流失,引发骨质疏松症。

5. 哪些食物会损害皮肤?

(1)添加剂 人体正常的新陈代谢,可以排出体内的黑色素,使皮肤白皙、细腻。但是,在食物中添加过多的鸡精、防腐剂、人工色素等添加剂,会加重内脏的负担,使黑色素不能及时、顺利地排出,长期淤积在体内的黑色素就会在皮肤上形成黑斑和雀斑。

(2)油炸食品 油炸食品不容易消化,多吃容易患胃病,长期食用会发生维生素 B_1 缺乏症,其中含有的氧化物会加速皮肤的老化。

(3)富含稀有元素的食物 研究证实,食物中含有的锌、铜、铁等稀有元素可直接或间接增加酪氨酸、酪氨酸酶和多巴胺醌等物质在人体内的数量与活性,从而使皮肤更容易受到紫外线侵害而变黑或长斑。富含稀有元素的食物包括动物内脏,蛤、蟹、河螺、牡蛎等水产品,大豆、扁豆、青豆、赤豆等豆类,花生、核桃、黑芝麻以及葡萄干等干果类食品。

(4)感光蔬菜 感光蔬菜可使皮肤更容易受到紫外线侵害而变黑或长斑。一般来说,含有辛辣气味或特殊气味的蔬菜和表面发亮的水果大都属于感光类的蔬菜和水果,如红薯、土豆、菠菜、韭菜、芹菜、香菜、白萝卜、豆类、柠檬、木瓜、青瓜等。

(5)酸性食物 健康的人体体液呈弱碱性。女性若平时摄入的酸性食物过多,血液就会倾向于酸性,形成酸性体质从而促使皮肤长出色斑。因此,女性平时应多吃新鲜水果和食用菌等碱性食物,并控制肉类、酒类、糖类等强酸性食物的摄入。

6. 饮食过热伤胃肠吗？

现在越来越多的研究显示,饮食过热与食管癌等多种消化道疾病息息相关。人的食管壁是由黏膜组成的,非常娇嫩,只能耐受 50℃～60℃ 的食物,超过这个温度就会被烫伤。过烫的食物温度在 70℃～80℃,像刚沏好的茶水温度可达 80℃～90℃,很容易烫伤食管壁。如果经常吃烫的食物,黏膜损伤尚未修复又受到烫伤,可形成浅表溃疡;反复地烫伤、修复,就会引起黏膜质的变化发展成为肿瘤。此外,"冷热同吃"也不可取。温度的骤然变化会造成胃肠黏膜不同程度的损伤,轻者胃肠难受,重者胃肠出血。会使胃肠道受到极度刺激,造成胃肠道吸收食物的障碍,形成水一样的大便腹泻。

因此,最合适的食物温度是"不凉也不热"。平时多吃和体温相近的食物,可以延缓肠胃老化,助人延年益寿。

7. 卤味制品越久越好吗？

有研究发现,卤肉加热时间愈长,产生的致癌物胆固醇氧化物(COPs)也愈多。若反复卤煮,或数十年不换卤水汁,就可能产生过量的 COPs。专家建议,卤肉时间不宜超过 3 小时。若在卤汁中加入酱油和冰糖,会产生抗氧化物,降低 COPs,加入胡萝卜也有相同功效。

8. 不吃早餐有哪些弊端？

清晨起床后,人的胃肠功能处于抑制状态,消化功能较弱,脾脏呆滞、胃津不润、各种消化液分泌不足,对食物的消化和吸收能力差,所以早餐不宜大量摄入高蛋白质、高热量、高脂肪的食物。人经过一夜睡眠,从尿、皮肤、呼吸中消耗了大量的水分和营养,清晨已处于半脱水状态,所以应吃富含水分的食物或餐前适量喝些温开水、豆浆或热牛奶,及时弥补体内缺水状况,有利于胃肠消化。

营养学家建议,早餐应吃"热食",才能保护好中医所说的"胃气"。胃气,其实并不单纯指"胃"这个器官,其中包含了脾胃的消化吸收能力、后天的免疫力、肌肉的功能等。早晨,夜间的阴气未除,大地温度尚未回升,体内的肌肉、神经及血管都还呈现收缩状态,假如再吃喝冰冷的食物,必定使体内各个系统更加萎缩、血液更加不畅,日子一久,就会发现吸收不到食物精华。这就是伤了"胃气",伤了身体的抵抗力。

(1)**易患病**　不吃早餐,使胃长时间处于饥饿状态,容易造成胃炎、胃溃疡;早餐不足,午餐就会因饥饿而大量进食造成消化系统的负担,容易诱发胃肠疾病;不吃早餐会使血液中的血小板较容易黏聚在一起,从而增加心脏病发生的概率;会使胆囊中的胆汁没有机会排出而使胆固醇析出、沉积、结晶,久而久之使人易患胆结石症。

(2)**易发胖**　根据营养学家的证实,早餐是人一天中最不容易转变成脂肪的一餐,不吃早餐对脂肪的消耗没太大帮助,人体一旦意识到营养匮乏,首先消耗的是碳水化合物和蛋白质,最后才是脂肪。更糟糕的是,不吃早餐还会使午饭吃得更多,造成身体消化吸收不及时,而容易造成皮下脂肪堆积。

(3)**易便秘**　在三餐定时的情况下,人体内会自然产生胃结肠反射现象,有利身体排毒;反之,若不吃早餐成习惯,就可能造成胃结肠反射作用失调,产生便秘。身体排毒不畅,毒素在体内积累到一定程度形成痤疮,以便排毒。

(4)**易衰老**　早餐提供的能量和营养素在全天能量和营养素的摄取中占有重要的地位,不吃早餐或早餐质量不好,人体只得动用体内贮存的糖原和蛋白质,久而久之,会导致皮肤干燥、起皱和贫血等,加速人体衰老,严重时还会造成营养缺乏症。

9. 中小学生采取补偿式的晚餐可取吗?

现在家长都很重视学生晚餐,认为学校的午饭不好,晚上要好好补一补。其实,这种"补偿式"晚餐是不可取的。首先,如果晚餐吃得过多,过于丰盛,或者吃得过晚,消化和吸收营养物质的时间往往大于睡眠的时间,因此造成孩子起床以后没有胃口。其次,有可能导致孩子肥胖。现在,中小学中小胖墩儿越来越多,这与晚餐过于丰富不无关系。再次,由于晚餐过晚多余脂肪积累,会加重儿童心脏的负担,可能引起高血压、动脉硬化等疾病。

学生营养晚餐的食物应包括瓜果蔬菜类(60%)、大豆(10%)及其制品类、鱼禽蛋奶类(30%)三大类食物,饭菜要清淡易于消化。当然,设法让孩子吃好早餐和午餐,特别是学校要提高营养餐质量、味道,让孩子爱吃、吃好,让家长满意,才是告别"补偿式"晚餐的根本之道。

10. "晚餐要少吃"适用于儿童吗?

俗话说"晚餐要吃少",但这对于正处于生长发育旺盛时期的孩子来说,是不科学的。因为晚餐距离次日早餐相隔 10 小时左右,若晚餐吃得太少,则无法满足生长发育的营养需求,长此以往,可能会影响孩子的生长发育。因此,孩子的晚餐不能少吃,应吃饱吃好;对胃肠功能较弱或消化不良者应安排易于消化的食物。

11. 结石患者忌哪些食物?

(1)忌食酸味水果和果汁 常饮酸梅汁、橙汁、葡萄汁、柚子汁和椰子汁等酸味果汁者,结石发病率比正常人增高 30% 以上。原因是酸味水果有使胆囊括约肌收缩的作用,阻止胆汁排出而呈瘀积状态,最终形成结石。此外,果汁中钙、镁离子易与人体中的草酸根、磷酸根结合,形成不溶性沉淀,进而形成结石。

(2)忌食含草酸多的食物 某些蔬菜中的草酸能够与体液中钙、镁离子结合成不溶性的草酸钙和草酸镁沉淀沉积在泌尿系统中,会形成泌尿系结石。所以,结石患者应忌食菠菜、草莓、苋菜、甜菜、茭白、红茶、巧克力、笋干、柿子等含草酸多的食物。若一定要吃应先用水焯一下把大部分草酸除去。

(3)忌食酸菜 酸菜中含有大量的酸,加上饮用水质一般偏酸,在体内草酸与钙、镁离子更易在泌尿系统中沉积成结石。过多食用酸菜还会促使体内代谢的尿酸增多,形成尿酸结石。所以,结石患者要忌食。

12. 腌制品能放在冰箱里吗?

为了延长储存时间,人们往往将腌制品放入冰箱。其实,这样做适得其反。因为腌制品在制作过程中加入了一定量的食盐,盐的高渗透作用使绝大部分细菌死亡,从而延长保存时间。若将腌制食品尤其是脂肪含量高的肉类腌制品放入冰箱,由于冰箱内温度较低,而腌制品中残留的水分易极易冻结成冰,这样就会促进脂肪的氧化,而这种氧化具有自催化性质,氧化的速度加快,脂肪会很快酸败,致使腌制品质量明显下降,缩短储存期。

13. 使用保鲜膜时有哪些注意事项?

保鲜膜及保鲜袋是人们常用的包装制品,很多家庭都离不开它。使用保鲜膜主要可起到防止蔬菜或菜肴中的水分散失和免受污染等作用。使用保鲜膜时,应注意以下两点:①含油脂的食物不能接触保鲜膜。在与油脂接触的情况下,保鲜膜中的塑化剂等有毒有害物质会溶解到油脂中。②合理选用保鲜膜。加热食物时,应选择耐高温的保鲜膜,因为不耐高温的保鲜膜,在高温条件下会释放出氯气、二噁英等有毒有害物质。加热时,在保鲜膜上扎几个小孔,以免爆炸,并防止高温水蒸气从保鲜膜落到食品上。

14. 哪些人忌服人参?

①胆囊炎、胆结石的患者正在发作的时候,如服用人参会加重病情。

②高血压、肝炎、神经易兴奋的患者,服用人参会引起兴奋、失眠、胸闷、烦躁、头胀等症状。

③感冒时服用人参,可使病邪滞于身体内,引起轻病变重,甚至引起高烧。

④健康人如长时间或超量服用,会引起严重后果。

15. 为什么推崇蒸煮食物?

有研究表明,采取蒸煮的烹饪方法要远远好过煎、炸、熏。尽管后者色、香、味都要更胜一筹,但它对食物营养的破坏也不容小视。因此,专家建议尽量采取低温的蒸、煮方法烹饪食物。

大米、面粉、玉米面用蒸的方法,其营养成分可保存 95% 以上。油炸后其维生素 B_2 和烟酸损失约 50%,维生素 B_1 则几乎损失殆尽。煮蛋的营养和消化率为 100%,蒸蛋为 98.5%,煎蛋为 81%。

另外,煎、炸等烹饪方法使食盐中的碘挥发,碘的损失率可达 40%~50%。

炸、烤的油温一般在 180℃~300℃,在高温下食物会发生一系列变化:蛋白质类食物产生致癌的杂环胺类物质,脂肪类产生苯并芘类致癌物和不饱和脂肪酸的环化、聚合、氧化产物,碳水化合物类食品会产生较多的丙烯酰胺类物质,它们均是潜在的致癌物质。

因此,提倡使用蒸、煮方法来烹饪食物,可保留食物更多的营养。

16. 常吃黑色食品可抗衰老吗?

根据《神农本草经》、《本草纲目》的记载,黑色食品有益肝补肾、活血养颜、治虚弱、延缓衰老等功效。黑色食品的营养成分丰富,含有大量蛋白质、脂肪、氨基酸、维生素、矿物质与微量元素,更富含膳食纤维、不饱和脂肪酸、活性多醣、维生素 A、维生素 C、维生素 E、生物碱等多种功能性营养成分,对人体健康有益。黑色食品具有清除体内自由基、抗氧化、降血脂、抗肿瘤、美容、提高性功能等多种保健作用。常见的黑木耳、黑豆、黑芝麻、黑枣与黑糯米等含有大量叶绿素,属于黄酮或类黄酮化合物的天然色素。这类元素具有广泛的生物活性,包括抗病毒、抗炎症、抗过敏,以及促进血管扩张等作用。

17. 为什么直接食用冷藏食品不利于健康?

长期直接食用冰箱冷藏食物不利于健康,尤其对孩子的身体健康十分有害。首先,刚从冰箱取出的食物和饮品温度较低(4℃左右),过冷的食物进入胃内,会使胃黏膜血管急剧收缩、痉挛,容易造成胃黏膜严重缺血,致使胃酸、胃蛋白酶等明显减少,使胃动力和消化能力降低,因此容易引发胃部不适甚至胃病。其次,冰箱经常是生熟食品混放,容易沾染病菌。冰箱中贮放的熟食,须先高温加热或煮过后再食用。

18. 怎样选购速冻食品?

(1)看生产日期 大多数速冻食品为保证质量,在贮藏、运输和销售环节必须保证在 -18℃ 以下的环境。由于顾客在购买挑选时频繁将速冻商品拿出、放入,因此冰柜温度难以保持在 -18℃ 以下,导致在保质期内的产品也可能变质。因此,要挑选新近日期出厂的商品。

(2)看商品状态 新鲜的速冻鱼、肉、虾、饺子和蔬菜等商品,质地均匀,块与块之间是松散的,包装内没有冰块和冰晶。如贮存不当,温度忽高忽低,会有水分的转移形成大冰块和大冰晶,商品之间粘连。这样的商品品质已经明显降低,口感风味将大打折扣。

(3)看商品包装 要选择包装密封完好、无破损的商品。认真检查商品标签、标志是否清晰、明确,商品名称、生产日期和保质期、生产厂家和地址、配料表是否齐全,是否标明保存条件和食用方法等。

19. 哪些食物不宜在冰箱储存?

(1)水 果 类

①香蕉。在12℃以下的地方贮存,会使香蕉发黑腐烂。

②鲜荔枝。在0℃的环境中放置1天,其表皮变黑,果肉变味。

③热带水果。冷藏保存,会"冻伤"水果,令其表皮凹陷,出现黑褐色的斑点,不仅损失营养,还容易变质。未熟的热带水果,则更不能放进冰箱,否则很难正常地成熟起来。正确的方法是,避光、阴凉通风处贮藏。

(2)蔬 菜 类

①番茄。经低温冷冻后,肉质呈水泡状,显得软烂,或出现散裂现象,表面有黑斑,煮不熟,无鲜味,严重的则腐烂。

②黄瓜、青椒。黄瓜适宜贮存温度为10℃~12℃,青椒为7℃~8℃,冰箱贮存温度一般为4℃~6℃。在冰箱中久存,会出现"冻伤"——变黑、变软、变味,黄瓜还会长毛发黏。

③叶菜类。冷藏后比较容易烂。白菜、芹菜、油菜等的适宜存放温度为0℃左右。

(3)其 他

①巧克力。储存巧克力的适宜温度是 5℃~18℃。放进冰箱的巧克力在拿出来后,表面容易出现白霜,不但失去原来的醇香口感,还会利于细菌的繁殖。

②火腿。若将火腿放入冰箱低温贮存,其中的水分就会结冰,脂肪析出,火腿肉结块或松散,肉质变味,极易腐败。

③面包。面包在烘烤过程中,面粉中的淀粉直链已经老化。随着放置时间的延长,面包中的支链淀粉的直链部分慢慢缔合,而使柔软的面包逐渐变硬,这种现象叫"变陈"。"变陈"的速度与温度有关。在低温时(0℃)老化较快,面包放入冰箱,变硬的程度更快。

④月饼。月饼原料中的淀粉在经过焙烤后熟化变得柔软,而在低温的条件下,熟化了的淀粉会析出水分,变得老化(也称"返生"),使月饼变硬、口感变差。

20."彩色"食品好吗?

"彩色"食品,一般需要加入天然色素或人工合成色素。天然色素是从植物中提取的,价格偏高,着色力差,因此一些厂家不愿使用。人工合成色素是从石油或煤焦油中提炼出来的,提炼过程中会混入苯胺、砷、汞等化学物质而具有不同程度的毒性。一些不正规厂商为追求利润不择手段,在食品中乱用人工合成非食用色素;甚至还有些不法商贩在食品中加入涂料,用彩色纸洗下的色素或化工染料等为食品着色。这些五颜六色的食品对食用者尤其是对孩子的身体健康危害极大。为此,应尽量少吃"彩色"食品,更不要到小商贩或地摊上购买劣质"彩色"食品。

21. 哪些食物可催人变老?

(1)含铅食品 铅会使脑内去钾肾上腺素、多巴胺和 5-羟色胺的含量明显降低,直接破坏神经细胞内遗传物质脱氧核糖核酸的功能,造成神经质传导阻滞,引起记忆力衰退、痴呆症、智力发育障碍、脸色灰暗、过早衰老等症。

(2)腌制食品 在腌制鱼、肉、菜等食物时,加入的食盐容易促使食物中的硝酸盐转化成亚硝酸盐,它在体内酶的催化作用下,易在体内生成亚硝胺类的致癌物质,过多食用易患癌症,并促使人体早衰。

(3)霉变食物 粮食、油类、花生、豆类、肉类、鱼类等发生霉变时,会产生大量的病菌和黄曲霉素。这些发霉物一旦被人食用后,轻则发生腹泻、呕吐、头昏、眼花、烦躁、肠炎、听力下降和全身无力等症状,重则可致癌、致畸,并促使人早衰。

(4)水垢 水垢中含有较多的有害金属元素,如镉、汞、砷、铝等。如不及时清除干净,经常饮用会引起消化、神经、泌尿、造血、循环等系统的病变而引起衰老。

22. 哪些食物吃后易胀气?

(1)豆类和十字花科蔬菜 西兰花、花椰菜、芽甘蓝和卷心菜等十字花科蔬菜中含有一种复合糖叫蜜三糖,这种糖比其他种类的糖更难被人体吸收,当它在肠内被艰难吸收的同时,就会产生副产品——气体。因此,食用这些食物时,可以同时食用高纤维食物来改善胀气的状况。

(2)含食盐过多食物 一次性摄入食盐过量会让身体存水,从而产生胀气。因此,要尽量避免高盐食品,多食用新鲜蔬菜和全麦食品。

(3)含糖醇过多食物 糖醇是一种甜味剂,多存在于口香糖和无糖食品中,糖醇部分被消化的同时也会产生气体。在购买食品的时候,应仔细检查其中是否含有山梨糖醇、麦芽糖醇和木糖醇等糖醇类成分。

(4)含乳糖过多食物　一些人乳糖不耐,易胀气。如果喝牛奶1小时内,感到胀气或腹泻,这是典型的乳糖不耐的症状。乳糖不耐受者,可饮用不含乳糖的牛奶,或者吃一些帮助分解乳糖的药片,如乳酶生等。

(5)含纤维素过多食物　富含纤维素的食品可以帮助消除胀气,但如果突然大量摄入,同样会使人感到腹胀难受。因此,在饮食中逐渐加入纤维食品,可以顺利摆脱胀气烦恼。

23. 怎样食用腌腊制品?

为了保持腌腊制品的新鲜,生产厂家会在其中加入适量的硝酸盐和亚硝酸盐。亚硝酸盐与食物中的蛋白质分解物相结合,可形成致癌物质亚硝胺。而含有亚硝酸盐的香肠、腊肉,如果再煎、炸、烤或与胺类食物混合吃,会产生更多的亚硝胺。所以,腌腊食品最好不与鱿鱼、虾米等含胺类食品同吃。以下几种食物与腌腊食品搭配,可减少亚硝酸盐的危害。

(1)葱、蒜　吃香肠配大蒜或用蒜苗炒腊肉,能抑制亚硝酸盐转变为亚硝胺。此外,大蒜所含的硫化合物可抑制肠胃道细菌将硝酸盐转变为亚硝酸盐,进而阻断了后续的致癌过程。葱的黏液中含有多醣体,可以抑制癌细胞的生长。

(2)蔬菜、水果　维生素C能抑制亚硝酸盐和胺类的结合,阻断亚硝胺形成。所以,在吃腌腊制品时,可同时吃深色绿叶蔬菜,饭后吃水果,以获得丰富的维生素C。

(3)绿茶　绿茶中的茶多酚可有效降低腌腊制品中亚硝酸盐的含量,抑制其转变为致癌物质。

24. 塑料瓶底部的标志有哪些含义?

1号PETE。材质为聚对苯二甲酸乙二酯,主要用于液态包装领域,常见于矿泉水瓶、碳酸饮料瓶等。只适合装暖饮或冻饮。能耐热至70℃,装高温液体或加热则易变形,释放出对人体有害的物质。1号塑料品使用10个月后,可能释放出致癌物DEHP,对睾丸具有毒性。因此,不能用饮料瓶来作为水杯,或者盛装酒、油等其他物品,尤其是不能循环使用装热水。

2号HDPE。材质为高密度聚乙烯。常见于清洁用品、沐浴产品。这类容器通常不易清洗,残留原有的清洁用品,容易滋生细菌,因此不能循环使用。

3号PVC。材质为聚氯乙烯,可塑性优良,价钱便宜,故使用很普遍。只能耐热81℃,高温时容易产生有害物质,甚至在制造的过程中都会释放。有毒物质随食物进入人体后,可能引起乳癌、新生儿先天缺陷等疾病。目前,这种材料常用于制作雨衣、建材、塑料膜、塑料盒等。

4号LDPE。材质为低密度聚乙烯。常见于保鲜膜、塑料膜等,耐热性不强。合格的PE保鲜膜在遇温度超过110℃时会出现热熔现象,产生一些对人体有害的物质;并且,用保鲜膜包裹食物加热,食物中的油脂很容易将保鲜膜中的有害物质溶解出来。因此,不能使用其包着食物表面在微波炉里加热。

5号PP。材质为聚丙烯。常见于豆浆瓶、优酪乳瓶、果汁饮料瓶、微波炉餐盒。熔点高达167℃,是唯一可以放进微波炉的塑料盒,可在清洁后重复使用。需要特别注意的是,一些微波炉餐盒,盒体的确以5号PP制造,但盒盖却标以1号PETE制造,由于PETE不能耐受高温,故不能与盒体一并放进微波炉加热。

6号PS。材质为聚苯乙烯。常见于碗装泡面盒、快餐盒,比较耐热抗寒,但在高温时会产生有害物质。不能放进微波炉中。不能用于盛装强酸(如柳橙汁)、强碱性物质,因为会分解出对人体健康有害的聚苯乙烯,易致癌。

7号PC其他类。材质为聚碳酸酯。常见于水壶、太空杯、奶瓶。这种材质的水杯很容易释放有毒物质双酚 A,对人体有害。使用这种水杯时不要加热,不要在阳光下晒。

25. 购买散装食品时有哪些注意事项?

(1)慎用塑料袋 一些经营者销售风味小吃等食品时,大多是用塑料袋套在碗上盛装,这样看似卫生,实际存在一定的安全隐患。国家规定用于盛装直接入口食品的塑料袋,原料必须符合食品级要求,且在产品最小销售单元上注明"QS"标志和"食品用"或"食品专用"等字样。消费者在选购食品时要注意盛装食物的塑料袋是否符合标准。

(2)食品级塑料袋不可盛放高温食品 经营者经常用食品袋盛装麻辣烫、热汤等高温食物,存在安全隐患。因为塑料袋里的化学成分遇高温就有可能会渗出污染食物,对人体健康造成危害。即使是用食品级塑料袋盛装,长期食用也很可能存在安全隐患。

(3)尽量少用色泽鲜艳的一次性吸管、塑料杯,尽量不用塑料杯、吸管喝热饮 目前,市面上使用的一次性塑料碗、纸杯、塑料吸管质量不完全符合标准,主要是荧光物质和脱色实验不达标。荧光性物质不容易被分解、排除,积蓄在体内会影响细胞的正常发育和生长,严重的会引起细胞变异。人工合成色素色泽鲜艳、着色力强,但某些合成色素具有毒性,可导致腹泻,甚至生育力下降、畸胎等,有些色素在人体内还可能转换成致癌物质。

(4)查看销售环境是否干净整洁 购买大包装食品拆装销售、糕点类食品散装以及现场加工制作销售的食品时,要仔细查看经营者是否具有符合卫生要求的洗涤、消毒、储存和温度调节等设施或设备,对于不符合条件的消费者要慎重选择。

(5)查看经营者操作规范与否 《食品安全法》明确规定,经营直接入口食品和不需清洗即可加工的散装食品销售人员必须持有效健康证明,操作时须戴口罩、手套和帽子。消费者在购买这些食品时,如发现从业人员未按规定操作要慎重选购。

(6)查看食品标识是否完整 根据《食品安全法》的规定,食品经营者贮存、销售散装食品,应当在贮存位置和包装容器外标明食品的名称、生产日期、保质期、生产者名称及联系方式等内容。消费者在购买上述食品时发现标识不完整的要慎重选购。

26. 消费者投诉应具备哪些条件?

①向消费者协会书面投诉,有些消费者协会也可以接受传真方式的投诉。

②有明确的投诉对象,即被投诉方,并提供准确的地址。

③有明确的投诉理由,有自己明确的要求,确保事实真实。

④要提供购买商品和接受服务的凭据的复印件和有关证明材料。

⑤留下便于联系的地址和电话。

为及时地维护您的合法权益,投诉前应该先通过电话,向所在地消费者协会咨询后,提交书面投诉资料,请求调解。

27. 食品安全投诉举报应注意哪些事项?

①能提供所投诉食品的购物凭证。

②保护现场,尽量维持所购食品原状,能辨识该食品批号或生产日期和保质期。封存中毒食品或可疑中毒食品,采取剩余可疑中毒食品,以备送检。

③经对感官性状的观察或检验机构检测,判定该食品为不合格或假冒伪劣食品的,接受投诉的职能部门可依据有关法律、法规对商家实施行政处罚,但不参与消费者和商家间的民事赔偿调解。

④食品的质量检验报告只作为消费者与商家进行协商处理的依据,消费者对协商结果不满的,可以通过司法途径解决。

28. 当消费者和经营者发生消费者权益争议时有哪些解决途径?

①与经营者协商和解。

②请求消费者协会调解。

③向有关行政部门申诉。

④根据与经营者达成的仲裁协议提请仲裁机构仲裁。

⑤向人民法院提起诉讼。

29. 消费者购买到假冒伪劣农产品应怎么办?

目前,农产品安全问题在日常生活中时有发生。如果消费者在市场上买到假冒伪劣的农产品,可以根据《消费者权益保护法》第三十四条的规定妥善解决。另外,根据《农产品质量安全法》第五十四条的规定,如果是在批发市场上购买到的农产品,可以向批发市场直接要求索赔。注意,在购物时一定要索取发票,并尽可能地保存好发票、农产品包装以及因问题农产品导致就诊的各类票据、病历等相关证据。

30. 消费者在什么情况下可以索赔?

《消费者权益保护法》规定:经营者提供商品或服务有下列情形之一,并使消费者权益受到损害的,应当承担民事责任:①商品存在缺陷的;②不具备商品应当具备的使用性能而出售时未说明的;③不符合在商品或者其包装上注明采用的商品标准的;④不符合商品说明、实物样品等方式表明的质量状况的;⑤生产国家明令淘汰的商品或者销售失效、变质商品的;⑥销售的商品数量不足的。

消费者索赔前要先明确两点:一是索赔对象。根据我国《产品质量法》,如果产品存在缺陷,因而造成人身、缺陷产品以外的其他财产损害,受害人既可以向产品的生产者要求赔偿,也可以向产品的销售者要求赔偿。生产者和销售者任何一方都有责任赔偿受害者的全部损失,没有责任的一方赔偿后,有权向有责任的一方追偿;二是诉讼时效。因产品存在缺陷造成损害要求赔偿的诉讼时效期间为 2 年,自当事人知道或者应当知道其权益受到损害时起计算。因产品存在缺陷造成损害要求赔偿的请求权,在造成损害的缺陷产品交付最初消费者满 10 年丧失;但是,尚未超过明示的安全使用期者除外。

附:饮食禁忌

表1 粮食类

粮 食	禁 忌
大 米	脾虚、胃寒、口淡者少食
小 米	气滞者和体质偏虚寒、小便清长者不宜多食
玉 米	胃寒、易胀满、胃气积滞以及皮肤病患者忌食
小 麦	寒湿症者忌用;小儿疳积、腹胀者不宜食用;周身生癣者少食;忌与汉椒、萝卜同食
荞 麦	体质弱、易过敏者少食;遗精虚弱者忌食;脾胃虚寒者不宜食用;不可饱食
糯 米	湿热痰火偏盛、发热、咳嗽痰黄、黄疸、腹胀者忌食;糖尿病患者慎食;脾胃虚弱者不宜多食;老年人、小孩或病人慎食
高 粱	消化不良、便秘者少食
燕 麦	一次不可多食;脾胃、肠道虚弱者不宜食用
大 麦	身体虚寒者慎食;怀孕期和哺乳期女性忌食
薏 米	一次不宜多食;孕期及月经期女性忌食;脾虚无湿、大便燥结者慎食;汗少、便秘者不宜食用
黑 米	消化功能较弱的幼儿和老弱病人不宜食用

注:煮粥时忌加碱(玉米粥除外);婴幼儿不宜食用粗粮

表 2 蔬菜类

蔬　菜	禁　　　忌
白　菜	气虚胃冷者不宜生食;未腌透的酸菜忌食;腹泻者忌食;忌用铜制器皿盛放或烹饪
胡萝卜	宜用油炒后食用;不宜生食,尤其是偏寒体质者和脾胃虚寒者;欲生育者不宜食用;饮酒时不宜食用
萝　卜	阴盛偏寒、脾胃虚寒者不宜多食;胃及十二指肠溃疡、慢性胃炎、子宫脱垂者忌食;眼睛易充血、眼压高者忌生食;不可与人参同食
土　豆	颜色发青的忌食;土豆皮不可食用;脾胃虚寒、易腹泻、糖尿病患者慎食;忌与雀肉、鸡蛋同食
黄　瓜	不宜多食;患疮疖、脚气和脾胃虚弱、腹痛腹泻、肺寒咳嗽者少食
茄　子	脾胃虚寒、体弱、胃寒、腹泻、哮喘者不宜多食;术前忌食;忌与螃蟹同食
芹　菜	脾胃虚寒、肠滑不固者、血压偏低者、婚育期男士少食
青　椒	眼疾、食管炎、胃肠炎、胃溃疡、痔疮、火热病、阴虚火旺、高血压、肺结核病、面瘫患者慎食
韭　菜	阴虚火旺者少食;胃虚有热、消化不良、肠胃功能较弱者不宜食用;不可多食;夏季少食;忌与石榴、土豆同食
香　菜	不宜多食、常食;感冒患者忌食;自汗、乏力、倦怠及产后、病后初愈者少食;患狐臭、口臭、胃溃疡、脚气、疮疡者不宜食用;麻疹已透或虽未出而热毒壅滞者不宜食用
茼　蒿	胃虚泄泻者不宜多食;便秘者不宜食用
莴　苣	不可多食;不宜与奶酪、蜂蜜同食;脾胃虚寒者不宜食用;视力弱者、有眼疾特别是夜盲症者少食;痛风、泌尿道结石患者不宜食用;14 岁以下儿童不宜多食
苦　瓜	孕妇忌食;脾胃虚寒和体质虚弱者少食

续表2

蔬 菜	禁 忌
菠 菜	未用沸水烫焯不宜食用;婴幼儿和缺钙、软骨病、肺结核、脾虚便溏患者不宜多食;肾炎、肾结石患者不宜食用;贫血者忌食
黄花菜	胃肠溃疡者少食;血栓、痰多、哮喘病患者不宜食用;鲜品慎食用
洋 葱	不宜多食;空腹时不宜食用;皮肤瘙痒、眼疾、胃病患者少食;热病患者慎食
番 茄	空腹时不宜食用;糖尿病患者,脾胃泄泻、体弱多病、消化不良及处于消化道溃疡活动期者不宜食用;忌与肝素、双香豆素等抗凝血药物或新斯的明、加兰他敏同食
红 薯	不可多食;糖尿病和肾脏病患者不宜多食;湿阻脾胃、气滞食积者慎食;忌与柿子同食
绿 豆	脾胃虚寒滑泻者忌食;老年人、病后体虚者不宜食用;忌与鲤鱼、狗肉同食;不能用铁锅熬制
红 豆	不可久食;多尿者忌食;毒蛇咬伤者,忌食百日
白扁豆	外感寒邪以及疟疾病者忌食
豌 豆	脾胃虚寒、消化不良者慎食
黄 豆	消化不良、消化道溃疡者、生疮但未出脓以及未愈者少食;常生疮、癣、疥等皮肤病患者少食;严重肝病、肾病、痛风、动脉硬化、低碘者禁食
豆 芽	大便溏泻者少食;脾胃虚寒者不宜久食;烹饪时不宜加碱
豆 腐	嘌呤代谢失常者、痛风病和血尿酸浓度增高患者忌食;脾胃虚寒,经常腹泻便溏及常出现遗精的肾亏者忌食
黑 豆	不宜多食,尤其是幼儿;消化不良、肠热便秘者慎食;痛风病患者不宜食用

续表2

蔬 菜	禁 忌
木 耳	鲜木耳禁食;忌用热水泡发;外感风寒者不宜食用白木耳;出血性疾病、腹泻患者慎食;孕妇不宜多食;月经期间妇女、施行手术前后及拔牙者少食或不食黑木耳;忌与田螺同食
百 合	风寒咳嗽、虚寒出血、脾胃不佳者忌食;水肿患者不宜食用
蘑 菇	不宜常食;便泄、痛风病患者慎食;禁食有毒野蘑菇
芝 麻	脾虚、腹泻及阳痿、精滑、白带者忌食
芦 笋	不宜生食;存放1周以上者不宜食用;痛风病患者不宜多食
山 药	患感冒、大便燥结、胃肠积滞及实邪者忌食;忌与甘遂、碱性药物食用
玉 竹	痰湿气滞者禁食;脾虚便溏者慎食
菱 角	胃寒脾弱者不宜多食
马齿苋	孕妇及腹泻者忌食;不能与鳖甲同食
南 瓜	胃热盛者少食;气滞中满者慎食;服用中药期间不宜食用;高血压患者少食
山 药	失眠者不宜食用;不宜带皮食用
香 椿	从事敏捷工作者不宜食用

注:制馅时不宜挤汁;不宜常食脱水干燥的蔬菜制品;勿长时间用水浸泡;烹调后不宜长时间放置;烹调时忌加碱;不可作主食

表3 果品类

果 品	禁 忌
苹 果	消化不良者不宜多食;胃寒、溃疡性结肠炎、白细胞减少症、前列腺肥大患者不宜生食;冠心病、心肌梗死、肾病、糖尿病患者慎食

续表3

果品	禁忌
梨	脾胃虚寒、胃酸多者、慢性肠炎、口吐清涎、风寒咳嗽以及发热者慎食；糖尿病患者、女性经期少食；夜尿频者睡前不宜食用；忌与氨茶碱、小苏打等偏碱性药物同食；忌与蟹同食
桃	脾胃虚寒、消化不良、大便溏泄、寒咳者不宜生食；胆囊炎、慢性胃炎等消化道疾病患者及内热偏盛、易生疮疖者不宜多食；糖尿病患者慎食；婴幼儿不宜食用
杏	不可多食；产妇、幼儿、实热体质者和糖尿病患者不宜食
李子	不宜多食；体虚、久病者不宜多食
枣	不宜多食；不宜空腹食用；忌与葱、鱼同食；忌与退热药、苦味健胃药及祛风健胃药同食；糖尿病患者慎食；经间女性和眼肿、脚肿、腹胀者不宜食用；小儿积食、肠道寄生虫、胃肠积滞、齿常痛者忌食
荔枝	不宜多食；不宜空腹食用；阴虚火旺所致的咽喉干痛、齿龈肿痛、鼻出血、癌症患者忌食；长青春痘、生疮、伤风感冒或有急性炎症时不宜食用；糖尿病患者慎食
香蕉	空腹时不宜食用；肾炎、高血压、胃酸过多、胃溃疡、糖尿病、胃痛、消化不良、腹泻、关节炎患者及肾功能不全者和肌肉痛者不宜食用；果肉发黄者不宜食用
葡萄	肠胃虚弱者、孕妇、糖尿病患者和肥胖者不宜多食；食后不宜马上喝水
瓜籽	不宜多食；肝病患者、育龄青年少食
菠萝	忌空腹食用；溃疡、肾脏、糖尿病、凝血功能障碍者忌食；发热及患有湿疹疥疮者不宜多食
橘子	不宜多食；不宜空腹食用；苦味橘子不宜食用；脾胃虚寒者慎食；服用维生素K、磺胺类药物、螺内酯(安体舒通)和补钾药物时忌食

续表3

果品	禁　忌
杧　果	忌与葱、蒜等辛辣物质同食;饱饭后不可食用;体质过敏者禁食;皮肤病如湿疹、疮疡流脓,妇科病,内科病如水肿、脚气,以及肿瘤患者和虚寒咳嗽者,以及女性月经时慎食
杏　仁	须先浸泡多次,并炒熟或煮熟后食用;产妇、幼儿和糖尿病患者不宜食用;婴儿慎食;阴虚咳嗽及泻痢便溏者禁食
橙　子	不可多食;胃寒者少食;久病者禁食;糖尿病患者忌食;饭前或空腹时不宜食用
香　瓜	患有脚气病、黄疸症、腹胀、便滑者及产后女性、感冒初期和大病初愈者不宜食用;糖尿病患者,肾功能不全、肠胃虚寒者及老年人少食
西　瓜	脾胃虚寒、夜尿多、消化不良及胃肠道疾病患者不宜多食;糖尿病、肾功能不全、感冒患者及产妇慎食;高血压患者不宜食用
柿　子	不宜多食;不可空腹食用;便秘者忌食;柿子皮不宜食用
木　瓜	不宜多食;过敏体质者慎食;冷藏后体质虚弱及脾胃虚寒者忌食;孕妇忌食;糖尿病和肾脏病患者不宜多食;忌用铁、铅器皿盛放
山　楂	不宜空腹食用;孕妇忌食;脾胃虚弱者、消化道溃疡者、处于牙齿更替期儿童不宜多食;忌用铁锅煮;不可与柿子、黑枣、人参同食
樱　桃	不宜多食;热性病、消化道溃疡及虚热咳嗽、糖尿病患者忌食
核　桃	腹泻、阴虚火旺、咳嗽、内热、痰湿者不宜食用
花　生	一次不宜多食;血黏度高、血栓、痛风病患者、胆囊炎患者或胆囊切除者不宜食用;胃溃疡、慢性胃炎、慢性肠炎患者忌食;跌打损伤及淤血不散、肝火旺盛、内热上火、糖尿病患者慎食;勿食长芽花生
龙　眼	忌多食;阴虚内热、疲乏者不宜食用
蓝　莓	腹泻者不宜食用
话　梅	不宜多食

续表3

果 品	禁　忌
柚 子	忌与美降脂、环孢素、咖啡因、钙拮抗剂、西沙必利、硝苯地平、维拉帕米、西沙必利、环孢素 A、咖啡因等药物同食；服避孕药女性忌食；身体虚寒者不宜多食；太苦的柚子不宜食用
猕猴桃	不宜多食；不宜空腹食用；脾胃虚寒者慎食；腹泻者和尿频者不宜食用；月经过多或先兆流产者忌食
石 榴	不宜空腹食用；不宜多食；厌食体虚阴虚燥热者慎食；泻痢初起、有湿热者不宜食鲜果
榴 莲	一次不宜多食；老年人应少吃、慢吃；热气体质、喉痛咳嗽、患感冒、阴虚体质、气管敏感者不宜食用；肥胖者、肾病和心脏病患者不宜多食；糖尿病、高胆固醇血症患者慎食；不可与酒、山竹同食
枇 杷	脾虚泄泻、糖尿病患者忌食
菱角、荸荠	不宜多食；脾胃虚寒、便溏腹泻、肾阳不足者不宜食用；荸荠皮不宜食用
板 栗	不宜多食；脾胃虚弱、消化不良、便秘者忌食；糖尿病患者慎食；不宜在饭后吃

表4　饮品类

饮 品	禁　忌
水	不宜在大渴后痛饮；反复煮沸及久沸、未煮沸的水不宜饮用；久置并与空气充分接触的水不宜饮用
茶	不宜空腹饮用；不宜在用餐前后或进餐时饮茶；不宜用沸水沏茶；睡前不宜饮用；空腹时不宜饮用；献血或失血过多时不宜饮用；胃及十二指肠患者少饮；缺铁性贫血患者忌饮；脾胃虚寒者不宜饮用绿茶；经期、怀孕期、哺乳期、更年期及服用避孕药期间的妇女不宜饮用；儿童不宜饮用；少女忌喝浓茶；不宜用于送服药物

续表4

饮品	禁　忌
酒	孕妇、哺乳期妇女不宜饮用;B族维生素缺乏者、育龄青年、无症状澳抗携带者、胃病、腹泻患者不宜饮用;空腹、冬泳前后、睡前不宜饮用;不宜饮酒取暖;不宜饮用混合酒;不宜与咖啡同饮;酒后不宜大量饮浓茶;刚酿的白酒不宜饮用
啤酒	慢性病、胃病患者不宜饮用;剧烈运动后禁饮;冷藏啤酒不宜饮用;痛风患者忌饮
咖啡	小儿不宜饮用;不宜长期饮用;短时间内不宜大量饮用;不宜长时间煎煮;睡前不宜饮用;胃溃疡患者不宜饮用;怀孕及欲孕女性不宜饮用
牛奶	不宜久煮或冰冻;不宜和糖同煮;忌加红糖或巧克力饮用;过敏者和不耐受者忌饮;忌用铜制器皿加热;忌长时间用保温瓶装;忌与钙片同食;不宜与豆浆同煮;不宜与药物、米汤、果汁、橘子、萝卜等同食;忌阳光暴晒
豆浆	忌饮用未煮熟的豆浆;胃寒、饮后有发闷、反胃、嗳气、吞酸者、脾虚易腹泻、腹胀者以及夜间尿频、遗精肾亏者均不宜饮用;忌与四环素、红霉素等抗生素药物同食;忌与鸡蛋同煮;忌过量饮用;不宜空腹饮用;忌用保温瓶贮存;1岁半以内的婴幼儿忌食
酸奶	忌过多饮用;忌空腹饮用;忌与抗菌类药物同服;婴儿不宜饮用;忌加热后饮用

注:啤酒与烟熏、烧烤类食物同食会致癌;白酒与啤酒同饮刺激心脏、肝、肾、胃肠

表5　调料类

调味品	禁　忌
食用油	成人每人每日摄入量不宜超过30克;3月龄以内的婴儿忌食;忌高温加热;不宜长期食用单一品种油;育龄青年不宜长期食用毛棉籽油
食盐	成人每人每日摄入量不宜超过6克;哮喘、水肿、高血压、肾脏病、心血管疾病患者限量食用;婴儿忌食

续表5

调味品	禁　忌
醋	不宜大量食用;胃溃疡、胃酸过多、风寒外感者服用解表发汗药时不宜食用;对醋过敏、低血压、支气管哮喘者忌食;骨折患者少食;不宜与羊肉同食;服碳酸氢钠、氧化镁、胃舒平等碱性药和庆大霉素、卡那霉素、链霉素、红霉素等抗生素药物和解表发汗的中药时不宜食用
酱油	高血压、冠心病、糖尿病患者不宜多食;痛风病患者慎食;炒菜时要后放、少放;忌与优降宁、闷可乐等治疗心血管疾病及胃肠道疾病药物同食
糖	不宜多食;糖尿病、肝炎病患者慎食;空腹时不宜大量食用
辣椒	痔疮、肛湿患者慎食;眼病患者、消瘦者少食;慢性胆囊炎、甲亢病人、热症者、口腔溃疡者、牙周炎患者、产妇忌食;肾病患者不宜食用;泌尿系统结石、风热病、慢性胃肠病、皮炎、红眼病、结核病、慢性气管炎、胰腺炎、痛风、眼病、癌症(热盛者)及高血压患者忌食;服用维生素K及止血药时不宜食用
胡椒	肝火偏旺或阴虚体热者不宜多食;与肉食同煮的时间不宜过长;心脑血管疾病、消化道溃疡、糖尿病、痛风、关节炎、痔疮、癌症、咽喉炎症、支气管哮喘、发热、儿童多动症、癌症(热盛者)、眼疾患者不宜食用
肉桂	食用不宜过多;不宜长期食用;夏季忌食;便秘、痔疮患者以及孕妇慎食;支气管哮喘、糖尿病、发热、癌症(湿热型)患者忌食
八角	阴虚火旺者慎服;支气管哮喘、糖尿病、痛风、癌症(热盛者)忌食
花椒	支气管哮喘、糖尿病、痛风、癌症(湿热型)患者和孕妇及阴虚火旺者慎用
葱	胃肠道疾病患者特别是肠道溃疡者不宜多食;有腋臭者夏季慎食;表虚、多汗者应忌食;眼疾患者少食;忌与蜂蜜、地黄、常山同食
芥末	痔疮、眼病患者忌食

续表 5

调味品	禁　　忌
姜	不宜多食；小儿忌食；不宜去皮食用；晚餐不宜多食；阴虚火旺、目赤内热者，或患有痈肿疮疖、肺炎、肺脓肿、肺结核、胃溃疡、胆囊炎、肾盂肾炎、糖尿病、痔疮和癌症(湿热型)者均不宜食用
蒜	不宜空腹食用；肝病、非细菌性腹泻患者不宜食用；癫痫、癌症(热盛者)、眼病、咳嗽、气喘、皮肤病、疮、疔、疖、肿患者忌食；重病、服药者忌食；大便结燥、口臭、发热、手脚发烫者慎食；年纪偏大者少食；育龄青年慎食
茴香	支气管哮喘、糖尿病、痛风患者及孕妇忌食；夏天不宜食用；有实热、虚火者不宜食用
咖喱	慢性胆囊炎、胃炎、胃溃疡病患者少食；服药期间不宜食用
味精	每人每天食用不宜超过 5 克；胃及十二指肠溃疡患者忌食；哮喘患者不宜食用；忌高温久煮和低温使用；忌用于碱性食物、酸性食物或甜味菜肴；老年人、儿童及高血压、肾炎、水肿等疾病患者及孕妇慎食
鸡精	孕妇、老年人和儿童、痛风病患者少食；记忆障碍、高血压患者不宜食用
蚝油	忌加热过度；忌久煮；糖尿病患者慎食
蜂蜜	哮喘患者慎食；婴儿不宜食用；不宜与豆制品、葱、姜、蒜同食
芝麻	慢性肠炎患者和便溏腹泻者忌食；阳痿、遗精者忌食